「知る権利」と「伝える権利」のためのテレビ

日本版FCCとパブリックアクセスの時代

金山　勉
魚住真司
【編著】

花伝社

目次

はじめに

メディアの形態がかつてなく多様化したいま、あえて問うてみたい。市民が「知る」ことと「伝える」ことを、人々の権利として位置づけるテレビを実現することは可能だろうか。

そもそも日本語の「放送」という言葉は、「送りっ放し」が語源であると言われる。特に、人々の存在が視聴率という数字で処理されがちなテレビ放送は、もの言う視聴者をそれほど歓迎しているようには見えない。そのような、当初から双方向のコミュニケーションを想定していないメディアに、視聴者（市民）の「伝える」権利を持ち込もうとすることには異論があるかもしれない。日本では、放送というものは「送り手」である放送局が行うものであるという固定観念があり、人々はその「受け手」としての役割しか期待されてこなかった。このような経緯から、視聴者の「伝える」権利のためのテレビと言われても、にわかには具体的なイメージがわかないのも不思議ではない。

しかし、「知る」権利のためのテレビについてはどうであろうか。二〇一一年三月の東日本大震災を機に、この国が抱える諸問題について、その多くを知らされてこなかった事実に気づいた人は少なくないだろう。その全ての責任をメディアに帰すことはできないが、たとえば公共の電波を利用してきた放送メディアに対しては、もっと責任が問われてもよいのではないだろうか。累計すれば膨大な時間に及ぶはずのテレビ番組やＣＭの総量に比して、この国の将来のために人々が知っておかなければならない情報を、テレビ放送は時間にして何パーセントほどを費やしてきただろうか。

このような「知る」権利についての問題意識は、いま多数の日本人が共有するところであろう。そして同時に、市民が「知る」ことと市民が「伝える」ことはどこかで通底するのであるから、「伝える」権利のためのテレビについても一定の理解を得ることができるに違いない。

「伝える権利」とは何かについて、日本での議論はまだこれからだが、その際たとえば後述する米国のパブリックアクセス・チャンネル（地域に開放されたケーブルテレビのチャンネル）が、インターネット時代を迎えた今でも維持されていることが参考になるはずだ。アメリカ人の多くは、自身が育んだ意見を社会に“put back”（還元）するのが社会貢献の一つだと考えており、そのための回路（チャンネル）は多ければ多いほど良いとされる。また、その回路を公権力が抑止するには通常、“strict scrutiny”（厳格審査）が必要とされる。

本書はまず第1章で、「知る」ことと「伝える」ことのつながりといった視点から、テレビの現状や、日本における情報をとりまく環境（かりにこれを「情報環境」と呼んでみる）について、三つの「問題の所在」を提示することから始めたい。残念ながら、それぞれの問題について本書は完全な解答を用意できていない。しかしこれらの問題を、多数の人々と共有しておくことに意義を見出したい。本書をきっかけに、日本でも「伝える権利」についての議論が本格化すればうれしい限りである。

次に、本書の第2章では、ニコラス・ジョンソンの講演を通じて、市民が「伝える」権利のためのテレビにとって重要なキーワードである「パブリックアクセス」について考える。すなわち、近年徐々に日本でも浸透してきた観のあるメディアへの「パブリックアクセス」という言葉について、その制度化を米国で果たした人物の日本講演を紙上で再現することによって、その意義を感じていただきたい。「パブリックアクセス」を日本語で的確に表現するのは容易ではないが、あえて訳すならば「メディアのプロフェッショナルではない一般の人々が、メディアを通じて多数の人々に語りかける行為、あるいはその権利や制度」といったところであろうか。[1]

インターネット時代を迎えた今では、電子メディアを通じて人々に語りかけることがたやすくなった。しかし、たやすいが故に、独りよがりな情報の発信も多々見受けられる。一方、テレビ放送をはじめ、既存のマスメディアに対するパブリックアクセスは、いまだ壁が高いままである。欧米や韓国では、その壁を越える試みが数十年のあいだ続けられてきた。特に米国のケーブルテレビにおけるパブリックアクセス・チャンネルの存在については、すでに多数の日本語文献がその歴史を紹介している。一方、日本では阪神・淡路大震災（一九九五年）以降、「コミュニティＦＭ」といった地域メディアにおいて、一般の人々の手によるラジオ番組の放送が実現しはじめたものの、テレビ放送に対するパブリックアクセスは端緒についたばかりだ。[2]

これに続く第3章では、二〇〇九年夏の政権交代を機に日本のメディア界で急速に関心が高まった「日本版ＦＣＣ」について論じている。ＦＣＣとは、米国の連邦通信委員会（Federal Communications Commission）のことで、米国の放送やケーブルテレビ・州際通信を所管する、行政府から「独立」した機関である。日本で新しく政権に就いた民主党のマニフェストには、「通信・放送委員会（日本版ＦＣＣ）の設置」が明記され、[3]一方、初代の「日本版ＦＣＣ」とも言える電波監理委員会（一九五〇年設置、一九五二年廃止）については、その復活がこれまでたびたび俎上に上ったことから、この「通信・放送委員会」構想についても多数が関心を寄せることとなった。

ところで本書の出版への直接のきっかけは、上記のように、アメリカのパブリックアクセスを制度化した元ＦＣＣ委員が、二〇一〇年夏に来日を果たしたことにある。しかし、二〇一一年三月の震災を機に、日本のメディアならびにそれらが構築してきた情報環境について、種々の問題が改めて浮き彫りになったことも、本書出版への重要なきっかけとなった。

米・アイオワの人々と共に、被災地・東北の健全な復興を祈りつつ

二〇一一年　秋

魚住　真司

（付記）

本書は平成二二年度日本学術振興会・科学研究費補助金、基盤研究（C）「放送通信行政とメディアへのパブリックアクセス・新制度案起草のための日米英比較分析」（課題番号二二五三〇五八九〇〇〇二）による成果の一部として出版された。

第1章　「知る」ことと「伝える」こと

1　人々は必要な情報を得ているか？

二〇一一年三月一一日一四時四六分、東北地方太平洋沖地震とそれによる津波が、東京電力福島第一原子力発電所を含む東北沿岸部を襲った。一六時三六分、福島原発一・二号機は、原子炉ならびに使用済核燃料を冷却するための電源を失った。

三月一二日一五時三六分、水素爆発によって損壊した一号機の原子炉建屋から放射性物質が漏れ出した。後に、政府や東京電力ならびに原子力安全・保安院（経済産業省の一機関）の常套句として揶揄されることになる「想定外」の事態である。その影響は農作物や首都圏の飲料水にまでおよび、ことは「東日本大震災」の様相を呈するにいたった。

ここでは原子力利用それ自体の是非について踏み込むことはしない。本書は科学技術の可能性を論じることは目的としていない。ただし原子力発電については、ひとまずエネルギー供給の一手段にすぎないと位置づけておきたい。電力業界からは異論があるかもしれないが、それが「市民感覚」というものであろう。

さて、民主主義の原則からすると、原子力発電所を地域に受け入れるか入れないか、あるいは原子力利用を継続するかしないかも、それは地域住民や国民の判断に委ねられるべき事柄である。リスクがともなっても、得られる利益と比較した上で、それをあえて人々が選択することはあり得る。一方、不便だがより安全な生活様式を好ましいと考える向きもあるだろう。また最近では、段階的に原発を減らして代替エネルギーに切り替えていこうという声も聞かれるし、一方では電力不足を見越して海外に生産拠点を移そうとする企業に配慮すべきだ、という意見も存在する。

どのような選択をするにせよ、ここで重要なのは、人々にその判断材料となる情報が、十分に行き渡っているかどうかである。原発の有用性・危険性やメリット・デメリットといった情報が偏りなく、誰にでも理解できるかたちで提供されているか、今回の震災を機に点検されなければならない。つまり、日本社会がこれまで構築してきた「情報環境」が、人々の合理的な思考や判断の一助となる、成熟したものになっているかどうかが問われているのである。

日本では長年、原発についてのポジティブな（＝正の）情報が、震災リスクなどネガティブな（＝負の）情報を、量的にも提示の仕方においても凌駕してきたのではないだろうか(1)。結果、日本全国に原発五四基（米仏につぐ世界三位）という事態を招き、ひいては地域社会の原発依存を構造化してしまったように思われる。そのような状況下に置かれた地域においては、もはや生活の糧としての原発の維持が目的化している可能性さえある。たとえば、原発関連の説明会における地元電力関連会社による参加者動員やメール工作などの「やらせ」は、それを象徴していよう(2)。

今回の震災で明らかになった最もネガティブな情報の一つは、日本における原発の安全性とは、つまり原発推進派の専門家が想定した範囲内に限られる、ということではないだろうか。今回の震災を機に、国民の生命・財産を、彼らの「想定内」に預けていた事実に驚愕した人は少なくない。数年前の原発訴訟で、電力会社側の証人に立ったある専門家の一人は、「原発内の非常用電源がすべてダウンすることを想定しないのか」と指摘されたことに対し、「割り切りだ」とこたえたという。しかし、その「割り切り」が後年、日本に何をもたらすことになったのかはここで改めて述べるまでもない。この専門家はその後、原発行政と事業者を監視すべき立場の原子力安全委員会の委員長に就任するのであるが、当時をふり返り「割り切り方が正しくなかった」と認めているという（『読売新聞』二〇一一年三月二二日付ウェブ版「原発設計『想定悪かった』原子力安全委員長」www.yomiuri.co.jp/politics/news/20110322-OYT1T00865.htm）。

2　日本のテレビは十分な情報を伝えているか？

三月一四日午後一二時四〇分、政府閣僚は記者会見で次のように発表した。

「本日一一時一分に爆発が確認されました東京電力福島第一原子力発電所三号機についてご報告を申しあげます。えー、皆さん、映像等ご覧になってらっしゃる方々、大変心配をされているかというふうに思いますが、その後入手した、あるいは確認したデータから結論を申しあげるならば、先ほど申しあげたとおり、格納容器の健全性は維持されているものと思われます。」（傍点、魚住）（実際に三号機に起こっていたことは「三月一四日午前三時にメルトダウン／六―八時間後に圧力容器破損・格納容器についても破損の疑い」であった――二〇一一年五月二四日、東電発表）

このような抑制の効いた発表については、社会不安を取り除こうとしたものとして評価する向きもあるだろう。しかし言外に、原発事故の実態を伝えるテレビが、「不安を煽っている」と牽制しているかのようにも聞こえ、その後の報道姿勢への影響が懸念された。

実際、当時のテレビ報道は「農作物から検出された放射線量は基準値を超えていますが、ただちに人体に影響が出るレベルではありません」（二〇一一年三月二一日、一三時台の民放ニュース番組）などといったように、「冷静な対応」を呼びかけることに比重を置いていた。専門家筋の「ただちに影響なし」といった言葉をそのまま放送し、安全・安心を強調する傾向が見受けられたのもこの頃である。

災害報道を研究している平塚千尋は、当時のテレビ・新聞報道を総括して「正常化のバイアス」（normalcy bias）がかかった原発報道と呼んでいる。[3]「正常化のバイアス」とは、目の前に危険が迫ってくるまで、その危険を認めようとしない心理傾向のことで、新聞・テレビといった「主流」マスコミには、農作物汚染が表面化した三月下旬から汚染水の海洋投棄が問題となる四月頃までその傾向が見受けられたという。その一方で、週刊誌やインターネットなどの「オルタナティブ」（＝主流でない）メディアは、人々の別情報への欲求に早くから応じてきた。

自身も報道に携わった経験を持つ平塚が述べるように、テレビはその社会的影響力からして伝えるべき情報の取捨選択については慎重にならざるを得ない。たしかに、科学的根拠に乏しい情報を安易に流してパニックを引き起こしては、公共の電波を預かる放送メディアとして失格である。いわゆる「風評被害」にしても、テレビ局にとって当事者となることは絶対に避けたい。しかし、人々がパニックを起こすのは、（たとえそれがネガティブなものであっても）正確な情報が行き渡らないときであると言われている。「事実が開示されている」と思えるかどうかが、人々の「冷静な対応」へのカギであるという。

視聴者に十分な判断材料を提供することなく、一方的に「冷静な対応」を呼びかけていた当時のテレビには、どのような事情があったのだろうか。震災後数ヵ月を経て、テレビはようやく事実の開示に積極姿勢を見せるようになり、質の高いドキュメンタリーや特集番組も放送されるようになった。それでもいまだ、隠蔽されたままの情報があるのではないか、テレビが伝えようとしない事実がまだ存在するのではないか、という疑念は完全に払拭されたわけではない。今回の震災報道につき、テレビについては詳細かつ長期的な検証作業が待たれる。

3　アメリカのテレビについて知られていない事実

今回の震災について、英国のＢＢＣ放送やアメリカの主要放送局は当初から積極的な報道を行った。たとえばＣＮＮの人気キャスターであるアンダーソン・クーパーによる報道番組は、情報を開示しようとしない日本の公的機関に対してかなり批判的でもあった。

これら海外のメディアによる報道を「過熱報道」とみなし、一方で編集と「配慮」を重ねた日本のテレビ報道を賞賛する向きもある。しかし問題は、その「配慮」が誰に向けられたものか、ということではないだろうか。海外のメディアが伝えている事実を、日本のメディアが国内の人々に対しては伝えない——このような事態を、果たして賞賛の声で受け入れてよいのか疑問が残る。日本のメディアが「配慮」している相手が、政府や番組スポンサー企業としての電力会社では「決してない」とは言い切れないからこそ、数々の疑問の声があがっているに違いない(4)。

ところで米国においても放送は免許事業であり、テレビ局は公共の電波を預かる者としてふさわしいかが常に問われてきた。しかしその一方で、放送免許を政府が直接発行することは避けている。日本では政府（総務省）が放送免許を発行しているが、米国では政府から一定の距離を置いた行政委員会の一つであるＦＣＣ（連邦通信委員会 Federal Communications Commission）がその任にあたっている。この独立委員会方式を採用することによって、「言論または報道の自由を妨げる法律を、米国議会は制定してはならない」と定めた米国憲法修正第一条と整合性を持たせている。報道機関でもある放送局が、政府公権力に「配慮」するという事態を避けようとしている。

一方、「FCCといえども政治的な影響から無縁とは言えない」といった指摘もある。それは事実であり、むしろFCCの特長の一つとして、五人の委員がどの程度政治的な影響を受けているか明るみになっている点を挙げることができる（五委員のうち三名までが同一政党に属していてもよいとされ、現オバマ政権下においては二委員と委員長が民主党系）。どの委員が保守派なのか、もしくは革新派なのか、あるいはどの委員が業界寄りであるのか、各委員の政治・経済的傾向に関する情報は、分析や評論といったかたちで大学で使用されるテキストにさえ記されている。したがって、現行のFCCがどのような放送通信行政を展開しようとしているのか、誰にでもおおよその見通しがつくようになっているし、過去のFCCの行政についても次々に歴史として記録され、人々の審判にさらされていく[5]。

米国の行政手続法は、FCCのような行政委員会が新しい規則を策定する際、利害関係者の意見を十分に聞くよう義務付けている。また委員会の最終判断に対し、利害関係者になお異論・不満が残るならば裁判に訴えることができるようにもなっている（FCCの最終判断は地裁レベルの拘束力を持つので、提訴は控訴審となる）。その裁判記録はネット上にも次々と公表されていく。

つまりはオープンな放送行政を実現するための工夫が、さまざまなレベルや局面で施されているのである。一部には、FCCに対する批判や不満が米国社会で渦巻いているかのごとき解釈もあり、事実として「FCC改革論」や、極端な場合は「FCC廃止論」さえも存在するのであるが、それについては米国が通信放送行政のブラックボックス化を避けてきた結果でもあることを、当のアメリカ人自身が十分に認識していない可能性がある。的を射た行政批判は、行政がオープンになっているからこそ可能なのである。米国で放送行政の可視化が工夫されてきた歴史的経緯について、少なくともそれがまだ達成できていない日本においては、もっと前向きな議論をしてもよいはずだ。

第二に米国のテレビは、放送事業者とその関連・系列会社による独占はもとより、いわゆる「メディア・コングロマリット」と呼ばれる大企業による寡占を許しているわけではない。全米公共テレビネットワーク（＝ＰＢＳ）の他にも、パブリック（人々）による、パブリックのためのテレビが存在する。すなわち、過半数の世帯が加入している米国のケーブルテレビにおいては、「パブリックアクセス」と呼ばれるチャンネルが地域住民に開放してあり、そこでは公権力者に対する「配慮」などとは無縁の人々が、自ら番組を制作し放映している。正直なところ、パブリックアクセス・チャンネルにおいては、視聴者に対する「配慮」さえ感じられないような、独善的な番組も散見される。しかし、なかには既存の放送事業者にはとても真似ができそうにない優れた番組も存在する。

たとえば、日本ではエイミー・グッドマンの「デモクラシー・ナウ！」（Democracy Now!）が、衛星放送されていることもあって知名度が高い。それ以外にも、たとえばテキサスの州都オースティンのパブリックアクセス番組「異なる視点」（Alternative Views）などは関係者の間で「伝説の番組」とさえ言われている。これは一九七八年から一九九八年までテキサス大学の研究者たちによって制作された、ニュースありドキュメンタリーあり、インタビューありの総合情報番組であった。最盛期には全米のパブリックアクセス・チャンネルや公共放送ネットワークでも放映され、地元オースティンでは毎週二〜三万人の視聴者を誇っていたという。数百という制作本数の中からいくつかが「インターネット・アーカイブ」（www.arichive.org）で公開されており、その中で原発関連のものを一つあげておくならば、第一四六回（一九八二年四月）放映「スリーマイル島原発事故・その後」（Three Mile Island Aftermath）がある。原発の関係者へのインタビューならびにドキュメンタリー番組として仕上がっている。

米国の人々は、このような一般市民の手によるパブリックアクセス番組も含め、さまざまな情報をつきあわせて、ものごとの判断材料にしてきた。つまりパブリックアクセス・チャンネルとは、人々の「伝える（アクセス）権利」が保障されたテレビであり、その存在がまた結果として、他の人々の「知る権利」にもこたえてきたのである。

（魚住真司）

4　コミュニケーションの営みの中で生じる格差

人はコミュニケーションという行為と無関係に人生を終えることはできない。人は人間で構成される社会に生を得てから、すぐにコミュニケーション行動を開始する。はじめは言葉を使うことができないため、泣いたり笑ったりすることによって、自分の欲求が満たされているかどうかを表現する。お腹が空けば泣き、それが満たされ、自分が快適だと感じれば笑い、すやすやと眠る。新生児のこのようなコミュニケーションによるメッセージを身近で受け止め、必要なものが何かを積極的に感じ取ろうと努力するのは、主として母であり、父となるだろう。そこから家族という絆がはぐくまれてゆくことが一般的な現象としてみられる。

一方、社会を構成する、いわゆる社会化した人間集団の中では、つねに、誰が権力を握るのか、誰が利益の配分にあずかれるのか、どのような行動や立場をとれば自分が安全と感じていられるかなど、社会の中で個人の利益を最大限に確保しておきたいとの思惑が働くようになる。このような行為の連続が人間社会の中で営まれた結果として生ずるのが格差（デバイド）である。格差はなぜ生まれるのかを考えてみると、そこには社会的な富や力の配分が不均衡に発生することが根底にある。一般的に、格差から生まれる負のスパイラルは、貧困、難民、飢餓などの世界的にも重い社会的課題を生むこととなり、国際社会全体で取り組むことが期待されるところである。

それでは、このような格差のない社会を求めるユートピアがこの地球上に成立しうるのかを考えた時、その答えは「インポッシブル！（そんなこと、できるわけない）」となるだろう。しかし、社会的地位や所得階層別に応じて特定の社会集団が自分勝手にやりたいことだけをやるということで、世の中、社会は成立するのだろうか。それは「否」であろう。

国境というものによって活動領域を定めたうえで、その範囲内に住む人々を国民として成立した国民国家は、政治的、地政学的な産物として成立した国家を支える人びとによって維持・継続させられている。同時に、国家という枠組みが提示されたことでアイデンティティの揺らぎを感じる先住民族や少数民族に関する問題をどのように解決できるかという課題を抱えるケースが世界的にも散見される。

社会を構成する人びとが、自分たちのアイデンティティについて、自由に発言できる公的な空間を持つことができるかどうかは、多様な意見の反映を柱とする民主的社会の実現に向けた重要な取り組みとなるだろう。同じ国家的な枠組みの中でも、国内地域に限定された社会的な問題別で、国や地方自治体がこれにかかわる当事者対策をどのようにとるかという局面では、その地域の人々とその国の政府、その他地域との連携のあり方が重要になる。

この際、重要になるのが「議題設定」（アジェンダ・セッティング）である。議題設定は政治的、経済的エリートによって設定され、大手マスメディアを通じて大衆に情報（メッセージ）が伝達されるケースがほとんどである。この際、多くの市民向け情報伝達は、社会的なエリートから大衆へと流れてゆく傾向がある。大手マスメディアからの情報とは、選挙演説、新聞の論説、テレビニュース報道と解説などで、どれをとっても社会にとって支配的な意見を反映したものと一致する傾向がある。

政策過程研究者のリンドブロムとウッドハウスは『政策立案過程』(*The Policy-making Process*)[6]で、社会における支配的な意見形成過程においてはエリート層を有利にすると指摘し、その上で、メディアは本当に市民に影響を与える存在でありえているかどうかに対する疑問を提示している。メディアが、どれくらいの優先順位と頻度をもって、現在の社会で発生している問題・課題を重要議題として取り上げるかに注目が集まるあまり、社会の中で大勢を占める意見に近づくような論調に傾斜することとなる。

それでは、誰もがマスメディアにアクセスできるかと言えば、そうではない。マスメディアへのアクセスは膨大な資金を必要とし、資金を持つ者だけが本当にアクセスできる。一般大衆は自らが世論形成における主体だという幻想にとらわれる中で、じつは、メディアを通じて不確実で、人びとの興味関心をそらすようなコンテクストにおいて情報伝達がなされることを見のがして、その結果、人びとは混乱することとなる。報道の中で、政府中枢にある大臣や役人たちの意見が頻繁にマスメディアを通じて紹介されると、それらが、あたかも大勢を決める重要な意見であるような位置づけを与えられる。

5　東日本大震災とコミュニティメディア

露呈したマスメディアの限界

福島、宮城、岩手の三県を中心に、多くの尊い生命が一瞬にして失われた東日本大震災において、マスメディアが果たした役割には賛否両論ある。しかし、確実に言えることは、現在の社会的枠組みの中で、マスメディアが果たせる機能の限界性を認識させられたということだろう。

電波という公共の資源を活用し、「公共性」をともなった免許事業体として日々、多くの人々を対象に情報を伝達している地上放送テレビ局は、瞬時にして緊急の場合の情報を伝達することができるメディアであり、そこに強みを持っている。だからこそ、放送には緊急地震速報システムが義務付けられているのである。特にNHKに対しては、気象業務法第一五条により、気象、地象、津波、高潮、波浪及び洪水の警報について気象庁からの通知により、直ちにこれを放送しなければならない、としている。

社会的な伝達機能を果たす際のメディアの機能は、「公共性概念」に照らして、多くの人々に対し生命の安全にかかわる情報をいち早く届けることにおいては有用だが、その後のさまざまな情報伝達において、必ず一〇〇パーセント必要な情報を発信できるかと言えば、疑問がのこるところである。

前出のリンドブロムとウッドハウスは、マスメディアからの情報は、一般的に権力エリートからの一方的な伝達に陥る可能性が強いと指摘する。つまり、マスメディアを通じて公衆に伝達される情報は、多くの場合、政治や経済のエリート層、つまり国会議員、官僚、大企業などによってコントロールされる可能性が高いというのである。その時々で、欲する情報を得ることができているのかどうかについて、国民が主体的に想像力を働かせない限りは、自分たちが何を知っているか自覚することすらできない状態におちいる。つまり、テレビの前にいる私たちは、一方的にテレビの前にいて、選択された大量の情報（ときには、少量で、たんに何度も繰り返されるため大量と錯覚させられる場合もある）に触れるしかない、受け身的な存在だと言えるだろう。

東日本大震災発生後、京都で、マスメディアではないコミュニティを対象とするFMラジオ局が動き始めた。二〇一一年三月一一日に福島第一原子力発電所が津波によって大きなダメージを受けた頃、NPO法人京都コミュニティFMラジオ放送（京都三条ラジオカフェ）では、すでに原子力発電所へのダメージがどのようなものかを憂慮する声が出始めており、三月一二日の段階では、もっと踏み込んで取り上げることができないか検討し始めていた。

一方、公共性を帯びたマスメディアでは、あまり踏み込んだ考察を行うことに限界があるとみられた。客観性、情報の信頼性などについて、つねに細心の注意を払わなければならない立場のマスメディアが報道できる範囲は非常に限られたものとなった。マスメディアは、災害非常時の報道において、ベストをつくそうとしたとは思われるが、特に、原子力発電所関連報道においては、さまざまなしがらみの中できわめて限定的な状況に置かれ、本来、果たすべき役割を担いきれなかったと考えられる。

まずは、マスメディアの間での体力差が顕著にあらわれた。基本的な報道する力という点において公共放送NHKと民間放送の間であまりに力の差がありすぎた。原発関連報道において、これを正面からしっかりと扱える記者が、民間放送では不足していたことは明らかである。原子力発電を専門に担当する記者がNHKには存在したが、一方の民間放送は、そのような余力がないためか、専門的な知識を外部の専門家に頼る傾向が強くみられた。

また、放射能漏れや放射能汚染というきわめて厳しい現実に直面し、マスメディアとしてどのような対応をとるべきかについても、あまりに慎重になりすぎて、結果として、このような緊急時に頼りとされる基幹的な地上放送というマスメディアとしての機能にみずから限界を設定してしまったのではないか。原発報道について、メディアが政府と一体化してしまったと考える人は少なくなかった。

こうした事態について、デニス・マクウェールとウィンダールは、『コミュニケーション・モデルズ』[7]において、情報源と報道する側との関係において、緊急非常時において情報源と報道する側の役割が完全に同心円中に入ってしまい、たとえば、メディアと政府という二者間で是々非々の独立した関係を保つべき状況が失われてしまう傾向があることを示唆している。日本が、原子力発電所の機能不全というきわめて危機的な状況に直面した際、一般社会に対して社会的不安を煽らないような姿勢に徹することしか方法がなかったのだろうか。社会的不安や混乱を引き起こさないことに終始したことから、国民が本来知るべき事態に関する報道ができなかったとすれば、メディアは国家が一番重要な局面において、本当に果たすべき役割を担いきれなかったことになる。

マスメディアはつねに、外界からさまざまな圧力を受けている。株式会社であれば、株主からつねに利益を追求するよう求められる。また広告主は、広告メッセージを社会に伝達するメディア企業に対し、広告効果を最大化するという命題を達成するよう求める。テレビであれば視聴率アップを、新聞媒体であれば購読者数の増加という命題を達成するよう、直接、間接に求められる傾向がある。このようなことから考えれば、福島第一原子力発電所の運転主体である東京電力は、東京の商業ネットワーク各局にとって大企業スポンサーとしての存在感があることから、メディア企業は思い切った批評・批判へと舵をきれない状況にあったとも推測される。

存在感を示すコミュニティFM

このような中、市民によるメディア・アクセスの場を提供することで、近年、社会的存在感を示し続けているコミュニティFM放送というメディアの存在意義もあがってきたように思われる。コミュニティFM放送は、災害非常時のライフライン情報を伝える貴重なメディアチャンネルとして、また市民の多様な意見や視点の発信の場（フォーラム）を提供する市民側に立ったメディアとしての役割を果たそうと模索を続けている。京都市にある京都三条ラジオカフェは、遠く離れた東日本の大震災に関して、京都のコミュニティFMラジオ局としてできることを考えた結果、震災に関連したオルタナティブな視点を、局独自で地域コミュニティに向けて発信してゆくこととし、震災直後から、事務局長、副理事長らが陣頭に立って特別番組編成に踏み切った。

特に、京都大学原子炉実験所の小出裕章氏と電話をつないで、原子力発電所の状況について検討した番組、つづいて海外のメディア報道傾向をフォローする番組などは、特徴的と言えるだろう。「東日本大震災支援特別番組」は三月一一日以降、随時放送され、この番組はUstreamでも動画配信され、四月八日の放送では京都市以外から、時には国外から一七二〇人がサイトにアクセスしている。大手メディアではなかなか踏み込めない課題へのいち早い対応は、市民によるコミュニティFMラジオ局への接触という営み、いわゆる「メディア・アクセスと情報発信を可能にする場（フォーラム）」が、市民に対してつねに開かれているべきというNPO放送局としての立場を維持してきたからこそ実現できたと考える。

一方、被災した岩手県宮古市では「宮古災害FM」が臨時災害放送局として新たに立ちあげられ、三月一三日から放送を開始している。また宮城県石巻市では既存のコミュニティFMラジオ局である「BAY WAVE」が「臨時災害放送局」の役割を担い三月一八日から臨時災害放送を始めた。これに加え、法的な位置付けはないが、あきらかな非常時に対応する放送局として地元の災害情報を相当量放送する「災害対応局」も役割を担った。福島県いわき市の「FMいわき」は、災害対応局として三月二八日から五月二七日までの間、その役割を果たした。このようなラジオ局の立ち上げは、当該自治体の首長が免許人としてかかわるというのが通例だが、自治体の機能が不全となった今回の東日本大震災被災地域では、開局時に首長が電話で総務省に通達し、後日書類のやりとりを行うことで開局にこぎつけていった。

現代の社会では、インターネットの急速な発展により、個人が主体的にさまざまな情報を、テキスト、音声、動画などをフル活用して発信できる。災害時にもツイッターによる簡便な情報発信が力を発揮したとの報告もあるが、災害時、緊急事態時に必須の情報通信が可能となる環境は完全に確保されてはいない。米国では緊急時の専門通信インフラ構築をめざす法案が、二〇一一年六月上旬に米連邦議会上院に出されているほどで、日本でもこのような通信インフラの必要性が叫ばれるようになるかもしれない。

災害時に役立つメディアとしてのラジオがいかに有効かは、世界的にも認識されている。世界コミュニティ放送連合（AMARC）ジャパンも、貧困の克服をめざす国際的な団体のオックスファム・ジャパン（Oxfam

Japan）と手を携えて、被災地のラジオ局支援に向けて協働プロジェクトを実施した。四月に宮城県、五月に岩手県、六月に福島のラジオ局を訪問し、ラジオ受信機の配布を実施、宮城県の南三陸町では、神戸の震災対応の経験を蓄積し、またAMARCにも積極的に参画してきた「FMわぃわぃ」からラジオ局開設支援スタッフを派遣している。

コミュニティFMラジオの全国的な設立・浸透により、ラジオ媒体は、コミュニティの人びとが自然災害時などの緊急時に寄り添うメディアとしての機能を果たすことが、自然災害対応とその後の復旧過程での役割を通じて実感されるようになってきた。ラジオ放送については、かりに簡易的なものであれスタジオスペースを確保し、送信機を設置し、そこからラジオ電波を発信できるようにすれば、緊急時のラジオ局として開局できる。もちろん、災害局は臨時で設置され、役割を終えた後は閉局となるため、撤収作業も必要になるが、これにはテレビほど大掛かりな作業は必要ない。

一方、テレビはどうだろうか。映像をともなうものは、設備・機材も大掛かりとなり、スペース、資金も含め、さまざまな制約がともなってくるのである。現在の日本において、テレビ放送は、地上放送であれ、ケーブルテレビであれ、インフラ整備に費用と労力がかかることから、災害時のコミュニティFMラジオのように、一般市民がアクセスし、独自の意見や主張を発信してゆくことは、現状ではむずかしい。何よりも、一般市民がテレビチャンネル（地上放送、ケーブルテレビを含む）へアクセスして、自分たちの声を社会に対して披歴する場を持つこと自体、制度化されていないことも大きく影響してきている。

（金山　勉）

6 二人のFCC関係者が日本にやってきた

二〇一〇年、二人のFCC関係者が来日を果たし、日本マス・コミュニケーション学会をはじめ関西の大学で講演する機会があった。一人は元FCC委員（在任期間一九六六―七三年）で、現在アイオワ大学ロー・スクールにおいて教鞭をとるニコラス・ジョンソンである。ジョンソンはFCC在任期間中、アメリカのケーブルテレビにパブリックアクセス・チャンネルの設置を義務化したことで知られ、いまなおアメリカの人々から「パブリックの擁護者（ディフェンダー）」と親しまれている。第2章で、二〇一〇年七月六日立命館大学産業社会学部「パブリック・アクセス論」（金山勉担当科目）の授業において行われたジョンソンの特別講義の模様を再現している。

もう一人はFCCで技術系の上級職員を務めた後、現在ワシントンDC近郊で電気通信政策のコンサルタントをしているマイケル・マーカスである。マーカスは、Wi-Fi規準（ワイファイ――円滑な相互接続のための無線LANの方式）を定めたFCCスタッフとして有名であり、日本の郵政省（当時）にも研修に来ていたことがある日本通である。二〇一〇年七月四日に開催された日本マス・コミュニケーション学会春季研究発表会のワークショップにおいて、マーカスは「日本版FCC」論に関連し、米FCCを含む主要国の放送行政機関のあり方を紹介した。また、同志社大学では同じテーマで時間を長めにとった講演を行った。

さて、これまで述べてきた「知る権利」ということばは米憲法にも日本国憲法にも存在しない。しかしながら、それは明文化されている「表現の自由」から自然に導き出される。つまり、人々が「表現の自由」を高めていくためには、豊富な情報にもとづく十分な知識が必要である。社会が傾聴するに値するメッセージを発することが

写真1　右から金山、ジョンソン、マーカス、魚住
日本マス・コミュニケーション学会春季研究発表会ワークショップにて
(2010年7月4日、関西大学)

表1　ジョンソン、マーカスの滞日日程（2010年夏）

6/30	総務省「ICTフォーラム（第7回）」にマーカス、魚住が出席（立教大学・服部孝章教授の随行員として出席）
7/4	日本マス・コミュニケーション学会春季研究発表会（於関西大学）ワークショップ「放送ジャーナリズムから論じる日本版FCC――憲法の要請に立ち返って」（ジョンソン、マーカスが討論者として出席）
7/5	同志社大学大学院アメリカ研究所・第二部門研究会「日本版FCC構想に寄せて――元FCC委員の見地から」（ジョンソン、マーカスによる講演）――マーカス講演を本書巻末に収録
7/6	立命館大学産業社会学部「パブリック・アクセス論（金山担当科目）」「メディアへのパブリックアクセス――その歴史・現在・未来」（ジョンソンによる特別講義）――本書第2章として収録
7/7	関西外国語大学外国語学部「Media Studies Ⅰ」（魚住担当科目）」（ジョンソンがゲストスピーカーとして出席）

注）それぞれの内容と記録ビデオは uozumi.heteml.jp/kaken1.htm で公開している。

できるのは、さまざまな知識を身につけている人々なのである。

アメリカ建国の父の一人であるトーマス・ジェファソンは、「民主主義が機能するためには、民が情報を豊富に持っていなければならない」と述べた。民主主義の前提として「知る権利」が必要なのは明らかだ。「これが私たちの望んだ日本なのか」と嘆いているよりも、人々の「知る」権利と「伝える」権利に奉仕するメディア、それも特に、まだあらゆる年齢層から親しまれているテレビ放送について、その「情報環境」の改善に取り組みたい。

（魚住真司）

第2章　メディアへのパブリックアクセス
――歴史、現在、そして未来――

ニコラス・ジョンソン

以下では、パブリックアクセス制度誕生の立役者となったニコラス・ジョンソン（アイオワ大学ロースクール教授）による、立命館大学産業社会学部が開講する「パブリックアクセス」での特別講義（二〇一〇年七月六日）を翻訳して掲載する。

ニコラス・ジョンソン（Nicholas JOHNSON）

一九三四年アイオワ州生まれ。州立テキサス大学で法学を修め、連邦最高裁判事ヒューゴ・ブラックの専属事務官となる。カリフォルニア大学バークリー校ロー・スクールにて教鞭をとった後、ワシントンDCの弁護士事務所に所属。一九六四年に海事行政官に任命され、その活躍がジョンソン大統領（在任一九六三―六九）の目にとまり、三二歳の若さでFCC委員に任命される。FCC在任中（一九六六―七三）、ケーブルテレビのパブリックアクセス・チャンネル設置義務化（*1972 FCC Rule*）を果たした。現在は州立アイオワ大学教授。同大学カレッジ・オブ・ローにてメディア法を教えている。メディアや政治にとどまらない、トピックが多岐にわたるウェブページ（NicholasJohnson.org）やブログを運営している。

本日は「パブリックアクセス」のクラスにお招きいただき、大変光栄です。今日は、メディアへの参加についていくつかのアイデアを皆さんと共有できればと思います。米国ではメディアへのアクセスを実現するための市民の動きを「パブリックアクセス・ムーブメント」と呼んでいます。

皆さんは日本の未来を担う人材です。日本は偉大な国のひとつですし、それは同時にみなさんがグローバル・リーダーとしての責務を負っているとも言えるのです。本日、皆さんに考えてもらいたいのは、グローバルな人材としてリーダーシップを発揮するために必要な、ある「大きな力」についてです。

1　インターネットへのアクセスとその限界

皆さんは、フェースブックにアクセスしますか。ウェブページにはアクセスするでしょうか。ブログはどうですか。皆さんの中には、ビデオ作品をユーチューブで公開している人がいますか。はたまたウィキペディアのオンライン百科事典に執筆した人はいますか。皆さんが、また私が、いま述べたようなことを行う時、私たちは、インターネットの世界に「立ち入り、公開する権利を行使している」と言えるでしょう。すなわちそれは、自分自身に属するコンテンツを他の人が閲覧してもよいという想定で公開するという行為です。そして、インターネット上で私たちがアップロードしたコンテンツを閲覧した人びとは、その時点で「インターネットにアクセスして活用する法的な権利を行使している」とも言えます。

公開する権利とアクセスする権利の二つは、国が異なればそれぞれの規制・ルールによって違いが生じます。そして、それらの規制・ルールは時代によっても変わります。しかし、それらの多くは、じつは政府でなく、大企業の手にあると言えます。

写真２　ニコラス・ジョンソン

米スタンフォード大学のラリー・レッシグ教授は、統治・支配に用いられる力には「東海岸コード」と「西海岸コード」があると言います。米国の東海岸には首都ワシントンDCがあります。ワシントンDCの米連邦議会では、法案が提出され、審議され、議会を通過した後には法令集として出版されます。これは「合衆国コード（United States Code、合衆国法典）」と呼ばれています。こうして制定される連邦法はインターネットを監理・監督します。これがレッシグ教授が言うところの「東海岸コード」です。

一方、西海岸にはシリコンバレーがあります。そこで多くの人々がコンピュータ・コード（コンピュータ・プログラム）を書くことで生計を立てています。コンピュータ・コードはインターネットやウェブサイトがその操作機能を制御・統治するための規則・ルールを作り出します。大多数のコンピュータ・コードは米国の西海岸で生み出されるのです。これが「西海岸コード」です。

東海岸コード・西海岸コードが、インターネット上の行為全てをコントロールしているわけです。ここまで説明すればおわかりのように、これらのコードをうまく利用することにより、多くの大企業は私たちができることを制限したり、または私たちが以前、無料でできていたことに対して課金したりしようとするのです。

二〜三週間前のことでしたが、米ニューヨーク州連邦地方裁判所は、インターネット検索サイトのグーグル（現在は動画検索サイトのユーチューブを所有）は、著作権を侵害していないとの判断を下しました（二〇一〇年六月二三日)。その理由は、グーグルがユーチューブへのアップロードにおいて「著作権に関する処理を適切にしているから」ということでした。これは西海岸コードがユーチューブの事業を実現可能なものとした事例とも言えます。一方、東海岸コードを用いれば、ユーチューブが事業として機能できないようにすることも可能だったわけです。

さて、インターネットの規制や制限についてはさておき、インターネットはまさに、数年前なら「奇跡」と思われるような環境をもたらしています。インターネットによって人々は、数百万・数千万、あるいはそれ以上の膨大な情報にアクセスできるようになりました。私の住んでいる地元の公共図書館が所蔵している情報量では到底たちうちできません。ちなみに私が所属するアイオワ大学のロー・スクールの図書館は、法律図書では全米一の蔵書数を誇りますが、これでも及びません。

私は数十億にものぼるウェブサイトへアクセスして調べものができるだけでなく、インターネットで「情報発信者」として活躍することもできます。たとえば、インターネット上の私のブログサイト(fromdc2iowa.blogspot.com)で世に訴えかけたいどのような出来事についても発信することができますし、新聞社がインターネット上で展開しているオンライン版に対し自分の意見を寄せることもできます。しかしながら、これはもはや些細なことかもしれません。

一方、ユーチューブは一大現象と言えるでしょう。一日中ビデオがアップロードされ、毎日二〇億の閲覧があり、たとえばレディ・ガガによる「バッド・ロマンス」の映像は二億回再生されています。ユーチューブは二三ヵ国でローカル化され、二四の言語で運営されています。ユーチューブ・トラフィックの七〇パーセントは米国外からのものです。もっとも人気のあるトップ一〇のチャンネルは、それぞれ一〇〇万以上の固定閲覧者がいます。このようなものは五年前(二〇〇五年)には存在しませんでした。

これはたしかに素晴らしいことですが、これほどの量のコンテンツをもっているユーチューブにおいて、あなたが制作しアップロードしたビデオが、友人・知人以外が視てくれる可能性はどれくらいあるのでしょうか。

米国の主要なテレビ放送ネットワーク（ニューヨークに本社を置くCBS、ABC、NBC、FOXの四大ネットワーク）のテレビ視聴家庭占有率は、かつてほど高くないという現実があります。主な原因としてケーブルテレビの分野ごとに特化されたチャンネルとの競合があります。

米国テレビ放送の初期（一九四〇年代末〜）には、米国ではネットワークテレビ局は三つ（CBS、ABC、NBC）でした。特に六〇年代まではケーブルテレビもあまり普及しておらず、テレビ視聴家庭の占有率は八〇から九〇パーセントにのぼっていたと思います。それが二五年前には、三大ネットワークの占有率は五〇パーセントにまで落ち込みました。そして現在では、四つ合わせて二五パーセントになろうとしています。しかし見方によっては、主要四大テレビネットワークはいまだ、大きな視聴者シェアを誇っているとも言え、それらは政治・経済的な力を社会に対して誇示し続けています。

インターネット上では、ブロガーが引用する上位五つのニュースソースの中に、個人が開設するブログのものはひとつもありません。トップ五は、順番に、『ニューヨークタイムズ』、『ガーディアン』、『ウォールストリート・ジャーナル』、『ワシントンポスト』、そしてケーブル・ニュース・ネットワーク（CNN）となっています。ニューヨークタイムズ単体でも、月に一七〇〇万を超える閲覧があります。私が開設したブログの閲覧数が、これだけ多ければうれしいのですが、到底及びませんね。

2　言論の自由とパブリックアクセス

私たちがインターネットの驚異的な力、またネット上のすべてのことに対する発言やアクセスの権利に関するメディアの民主化に圧倒される前に、ここで少しばかり、現在も依然として力を持ち続けている既存の主要マスメディアについて焦点をあててみたいと思います。

インターネットと違って、マスメディアを特別な存在とならしめている特徴の一つに、一方通行の、ワンウェイ・コミュニケーションによるメディアだという点があります。主要なメディア企業は、番組の著作権や編成権ならびにコンテンツを配給・伝達する権利を持っています。加えて、自社の意に沿わないコンテンツには手を出さないこともあるし、時にはコンテンツを「検閲」することさえあります。

四〇年前の一九七〇年、私は『テレビに口答えする方法』(*How to Talk Back to Your Television Set*)(ニコラス・ジョンソン『テレビ文明への告発状』林雄二郎・小嶋国雄訳、ダイヤモンド社、一九七一年)という題名の本を出版しました。いささかユーモラスなタイトルですが、私は一般の視聴者が、テレビネットワークの経営首脳陣と直接やりとりすることができないことに疑問を持って書きました。テレビネットワーク経営者たちが「視てもよい」と判断した番組だけを人々は視ることができる――そんな状況に疑問をもったのです。

さて、多くの主要なメディアのウェブサイトは、コメントの書き込みを許しています。しかしながら、サイトにアクセスしてコメントを掲載する人たちの「露出」は本当に微々たるものです。大手の既存マスメディアに掲載される記事やコメントなどとは比べようもありません。そして結局のところ、どのようなコメントが掲載されてよいか、また削除されるべきかをめぐって究極のコントロールにかかわっているのは、メディアを所有している経営者なのです。

さて、このパブリックアクセスの講義において、アメリカ人が日本のメディアについて「どのようにすべき」などと意見するのは、あまりよいことではないと思います。というのも、日本とアメリカという国の違い、文化の違いがまず存在しており、それをもとに考えれば、アメリカ人の私が日本の皆さんに「何がベストなのか」を提示するのは無理があるような気がします。日本はアメリカよりも、うまく物事を進めてきた実績があるからです。

とは言え、日米両国が共有できることは多くありますので、それをもとに、今日は最も重要と思われる事項について扱っていきましょう。私たちが「言論や表現の自由にどのようにかかわっていくのか？」という点についてさまざまな考え方を共有することができればと思います。

日本では日本国憲法第二一条に「集会、結社及び言論、出版その他一切の表現の自由は、これを保障する」と記されています。

米合衆国憲法の原文にはもともと「言論の自由」に関する規定がなかったのですが、修正条項として付け加えられました（自然権としての「言論の自由」をあえて成文化すべきか否かで意見がわかれたが、後ほど追加することで妥結）。米合衆国憲法修正第一条は「連邦議会は、国教の樹立に関し、自由な宗教活動を禁止し、言論または出版の自由、平和的に集会し、苦情の救済を求めて政府に請願する人民の権利を制限（abridge）する法律を制定してはならない」としています。

皆さんの国の憲法を解釈するのは皆さん自身ですし、「言論の自由」についてどのようにかかわってゆくかも皆さん次第です。しかしながら、私はここで米憲法が謳っている「言論の自由」の目的およびそれが引き起こした結果について、私なりの見解を皆さんにお話ししておきたいと思います。

米憲法の条文は、私たちがメディア規制について考える際、必ずしも明快な答えを用意してくれません。そこには「議会は、言論または出版の自由を制限する法律を制定してはならない」としか書かれていないのです。「議会」（Congress）「法律」（law）「制限」（abridge）「言論」（speech）「報道」（press）といった言葉の意味も、必ずしも明確ではありません。裁判所は「議会」という言葉を、地方議会から州議会、連邦議会にいたるまであらゆるレベルを想定します（各種行政委員会や公立学校など、原則、行政やルール作りにかかわるあらゆる公的機関が含まれる）。「言論の自由を制限する法律を制定してはならない」はずなのに、法律によっては合憲扱いされているものもあります（たとえば、わいせつ表現に対する規制や、食料・医薬品の内容物についての情報開示義務といったものは「自由」を制限するのであるが、それらは修正第一条の範疇外とされる）。言論規制によっては、むしろ「言論の自由を高める」と解釈されている場合もあります。「言論」「表現」といった言葉でさえ、判決によってさまざまに定義されてきました。

もし、ある自治体が講演のできる講堂を所有しているとすれば、裁判所はこれを「パブリック・フォーラム」（公会場）と位置づけるでしょう。そうなれば、その自治体の職員は修正第一条を侵害する場合もでてきます。たとえば、自治体がそこで話される内容にもとづいて、ある者には講演を許し、他の者にはここで講演をすることを許さない、というようなケースがこれにあたります。

こういった「パブリック・フォーラム」の考え方をマスメディアに適用する時、むずかしい問題を引き起こすことがあります。修正第一条は、政府の横暴から個人を守ることしか想定していません。政府は市民を黙らせたり、逆に市民が黙っていたい時に無理やり発言させたりすることはできません。一方、私企業は従業員が発言したことに対して、解雇したり、さもなければ懲罰を与えたりできます。私企業はふつう、企業の敷地内で一般市民が発言することを許しませんし、リーフレットやビラを配ることも許しません。

それでは「パブリック・フォーラム」の考え方が、私企業に適用される場合は全くないのでしょうか。たとえば、地域に唯一存在するケーブルテレビ会社の「フランチャイズ」（地域営業権）を、地方自治体が与えている場合はどうでしょうか。その場合、自治体の管轄にあるということで、ケーブルテレビ会社は自治体行政と一体のものとして見なされる可能性があります。この場合、そのケーブル会社の「言論の自由」は、一般市民と同等なものとして扱ってよいのでしょうか。一般市民がビラやメガホンで何かを叫ぶのと同様に、ケーブル会社も自らのテレビチャンネルを駆使して、自らの信じるところを声高に主張しても許されるのでしょうか。あるいは、ケーブル会社がすすんで一般市民に発言の機会を提供するような場合でも、発言しようとしている内容によってはそれを許さない、といった権限はケーブル会社にあるのでしょうか。

ケーブル会社が同意する・しないにかかわらず、市民にはケーブル会社のチャンネルを利用して発言する「言論の自由」があると見なすべきでしょうか。

修正第一条の条文は政府を規制するためのものではありますが、実際は「言論の自由」を抑圧しようとするようなメディア、もしくはメディアによる「言論市場の支配」といったものにまでおよぶこともあり得るのです。

FCCの「フェアネス・ドクトリン」（公平・公正原則——一九八七年廃止）と呼ばれる規則は、放送局に「公的に重要かつ見解がわかれるような問題」（controversial issues of public importance）を、放送局がすすんで取り上げることを求めました。そのようにすることで多角的な観点を社会に提供することができると思われたからです。ところが一方の放送事業者は、これを自分たちの「言論の自由」に対する侵害だと反対しました。しかし、連邦最高裁は全員一致で、放送事業者によるこの考え方を棄却しました（一九六九年）。最高裁は、視聴者の権利の方が、放送事業者の権利に優先すると判断したのです。ここでの「視聴者」とは、多様な観点を享受しようとする存在であります。

このように、ある特定の人々が自分たちにとっての「言論の自由」を追求しようとし、これに反対する行政機関の権限にも配慮しなければならないとき、修正第一条の条文は比較衡量に便利ではあります。たとえば、合衆国政府が徴兵を実施していた頃、政府は若者たちに対して召集に応じるよう求めていました。若者たちは（ベトナム戦争に反対する意味でも）これに反発し、公衆の面前で軍隊への召集令状を燃やして、この行為は一種の「言論」だと主張したのです。政府はこの行為を罰しようとしました。裁判所はこの若者たちの「言論の自由」と、政府の戦争履行権とを比較衡量する必要に迫られました。このケースでは、政府の権限が若者たちの「言論」に優先するとの判断を下しました。

一方、異なった二つの立場に立つ私的なグループが「言論の自由」について争う場合、修正第一条はその問題解決に役立ちません。

先述したケーブル会社の例をもう一度考えてみましょう。私企業としてのケーブルテレビ会社は、自社のテレビチャンネルのことを「人の声を増幅する拡声器」のようなものだと考えます。したがって、ケーブルテレビ局が送出するチャンネルには、その会社の方針に沿った内容の番組があてられるべきだとの立場をとります。他方、ケーブル会社が賛同できないような市民の声の放映を、法的に強制されたくないのです。このようなことは、政府が私人に対して「思ってもいないことを言わせる」ようなものですね。

他方、市民の側では、ケーブル会社のテレビチャンネルは地域社会の資源、つまり「パブリック・フォーラム」（公会堂）のようなものだと考えています。ケーブル会社が市民に対し、チャンネルの一部を市民の情報発信に「利用させない」のだとすれば、それは市民の権利を侵害していることになるのです。

3　「言論の自由」を高める

さて米憲法は、「言論の自由」を制限する法律の制定を禁止してはいますが、だからといって「言論の自由」に「影響を及ぼす」(affecting) ような法律を禁止しているわけではありません。そのように考えれば、コミュニ

写真３　特別講義に立つニコラス・ジョンソン
(2010 年７月６日、立命館大学産業社会学部)

ティにおける「言論の自由」をケーブル会社によって「高める」法律を作ろうとすることは可能なはずです。ひるがえって、ケーブル会社の数あるチャンネルの一部を、公衆の利用のために供出させる法律はあり得るのです。そのような法律の制定は合憲なのです。ケーブル会社の「言論の自由」を制限する法律を考えるのではなく、地域住民の「言論の自由」を育む法律を考える、といったことならば憲法の精神に沿っているのです。

さて、「言論の自由」の意義が最大限発揮されるのはどのような場面でしょうか。それは、次の五つの場面に収斂されると思います。

①市民の自治に必要な情報が求められる場面
②「思想の自由市場」において真実の探求がなされる場面
③メディアが権力を監視する場面
④人が自己実現しようとする場面
⑤メディアが社会的安全弁として機能する場面

以上五つを個別に説明してみましょう。

①市民の自治に必要な情報が求められる場面

民主主義の前提は、市民ひとりひとりが政府役人と同格である、という考えに支えられています。市民は、そのようにあるべきだし、少なくとも自分が望んでそうであろうとする機会が与えられるべきです。市民は、解決すべき問題について情報が与えられ、そしてその解決策について世論を形成し、そして自らの考えにもとづいて他者を説得することが可能でなければなりません。たとえば二〇〇八年の米大統領選挙期間中、米国に「国民皆保険制度」を整備するために、全米の人々が説得的対話を展開しました。これによりオバマ現大統領は支持を拡大しました。ほとんどのアメリカ人は市民としての義務を認識しています。人びとは自治が大事なものであると思っています。それは戦ってでも守るべきものだし、実践していくにはそれなりの努力が必要であることもわかっています。

憲法の草案者たちは、「自治」を意味深いものにするため、市民が情報に好きなだけアクセスすることが必須であり、またそれぞれの人が公的な問題について話し合うことが大事だと考えました。政府が、情報の流れや世の中の意見を力ずくで抑制しようとするならば、「自治」というものはやがて死滅してしまうでしょう。それは非民主主義的であり、憲法の精神に反するものであり、非アメリカ的でもあります。

②「思想の自由市場」において真実の探求がなされる場面

「真実」とは何でしょうか。私たちがどのような文脈で真実を探し求めているかによって違ってくると思います。宗教的真実は、経典や宗教的指導者によってもたらされるかもしれませんし、科学的真実は、他の科学者でも同様の実験結果が得られる（＝追試）ということによってしか、もたらされないでしょう。政治的真実は、選挙の結果表明された多数意見によるということになるかもしれません。どのような文脈にせよ、真実を探求する際の助けとなるのは、人々にさまざまな情報や意見へのアクセスが実現されていることです。どのような政治体制下であろうと、社会というものは、文化・科学・芸術・政治など、さまざまな分野から影響を受けながら進歩を続けています。しかもその進歩は、人々がどれくらい自由に真実を追求できるかによるのです。

③メディアが権力を監視する場面

メディアが「言論の自由」を行使するとき、それは「第四の府」として機能すべきときです。「第四の府」には、政府の他の三府（立法府・行政府・司法府）と同様に重要な公共的機能があるはずです。

さて、いまの時代、政府だけでなく社会のすべての組織が、自己中心的になり、変革に抵抗し、閉鎖的で、システム崩壊を引き起こしつつあるように見受けられます。さらに、それぞれの組織が掲げてきたミッション（使命）よりも、組織の存続自体にしか関心が向いていないようにも見えます。これは、企業であろうが、大学であろうが、教会・病院・軍隊・警察、皆同じようなことになっています。

こうした組織の傾向を克服し、権力の乱用を「監視」をするためには、自由で独立したジャーナリズムを機能させることがもっとも効果的です。レポーターは、どこにでも出かけていって、なんでも質問し、関連資料を開示するよう要求し、写真をとり、苦情を申し立てる人の話に耳を傾け、そして権力の乱用を白日のもとにさらすことにおいて、優れた働きをしてくれるはずです。これこそが「調査報道」というものです。人々は、誰が権力を乱用しているのか知りたがります。そのような人びとの興味・関心にメディアはこたえようとするものです。それが広告効果を引き上げ、メディアの売り上げを伸ばすことがわかっているからです。

したがって、「言論の自由」は社会の諸機関をより公正な存在として保つことができるのです。

④人が自己実現しようとする場面

人間以外の動物は、聴覚、臭覚の感覚が鋭いこと、走行の速さ、そして空を飛ぶ能力など、さまざまな点において人間より優れています。それでも地球上で人間が抜きんでた存在でいられるのは、生来もちあわせている能力と習性があるからです。これを支えているのは、言語などを駆使して、創造したり意思疎通をはかったりする力です。「言論の自由」を実践するために、物事を調べたり、研究・学習したりすることは、人間的成長や自己実現に役立ちます。政府や他の社会的な組織は、自由な考えや表現を押さえこんだり、または社会的な議題や人びとの意見を禁じたりすることがありますが、これは個人の自己実現にあからさまな足かせをはめようとするものです。

⑤メディアが社会的安全弁として機能する場面

煮沸器に安全弁があれば、容器内の圧力が高まって爆発してしまう前に、蒸気を外に逃がすことができますね。「言論の自由」もまた、人間社会の「暴動」を避けるための安全弁といえます。有名なアメリカの公民権運動リーダーだったマーティン・ルーサー・キング博士（キング牧師）は、次のように述べたことがあります。

「ラジオやテレビへのアクセスが認められないとするならば、それは我々に対して、先が丸まってしまってよく書けない鉛筆で説得力のある文章を書け、と命令されているようなものだ。」

幸いなことに、キング牧師は、変革を達成するために非暴力主義を唱える人でした。しかし、未熟な人間は、自分の声を世の中に知らしめるために、銃を手にしたり、火をつけたり、自爆テロに走ったりします。「言論の自由」によって促進される価値とは、自己実現という何よりも優先されるべき価値と関係しています。ここで言うところの「価値」とは、「信念」とも言いかえることができます。自分たちの信念が人々に知ってもらえるという確証さえあれば、人々は暴力に訴えることなどしないでしょう。

さて、もう一度「ケーブル会社と市民」に話を戻しましょう。両者とも、それぞれの立場を正当化するために、それぞれの言い分に沿うようなかたちで修正第一条の条文を引用・解釈することでしょう。しかしこれを、さきほどの「②『思想の自由市場』において真実の探求がなされる場面」と想定し、分析してみれば、市民側が要求する「公開性」や「多様性」といったものの方が、ケーブル会社だけの「言論の自由」より、よほど説得的です。

地域レベル、または国家レベルでの市民のメディア・アクセスを可能にすること、利用可能な情報や多様な意見を量的に増加させることは、どちらの立場においても、言論の自由の目的にかなうのです。そうすることによって自治や真実の探求が促進されます。これにより組織の権力乱用に対して、調査・報道するという営みが促進されるでしょう。明白なことですが、市民が自分たちの意見を形成し、世の中に向けて発信する機会がひとつひとつ積み重なれば、自己実現を促進する機会を増やすことにもつながります。

4 アクセス・チャネルの開設へ

さて、結論として私が言いたいのは、市民がケーブルテレビのチャンネルへアクセスする権利を義務付ける法律について、裁判所が憲法をどのように解釈したとしても、それぞれのコミュニティにおけるケーブルテレビのチャンネルで放送される内容を検閲する権限をケーブル会社に与えるよりは、むしろ市民にケーブルテレビにアクセスする権利を与えたほうが、「言論の自由」の目的に沿うものだということです。これこそ、私がＦＣＣ委員時代に考えていたことで、この考えにもとづいて、ＦＣＣのケーブルテレビ規制の一つとして「パブリックアクセス・チャンネル」設置を義務付けたのです（*1972 FCC Rule*）。

一九六〇年代、「コミュニティ・ビデオ運動」が起こりました。当時のビデオカメラは、いま皆さんたちが使っているものよりも、ずっと大型でした。そして録画デッキ部分は、カメラと切り離された形式になっていてスーツケースほどの大きさでした。そのビデオ運動の中でもリーダーだったのが、「パブリックアクセスの父祖」と呼ばれるジョージ・ストーニーとレッド・バーンズ、そしてニューヨーク大学の「オルタナティブ・メディア・プロジェクト」にかかわっていた人々でした。

時代の経過とともに、ケーブルテレビのチャンネル数は十数から、二〇、四〇、さらにそれ以上の数へと増加してゆき、そのうち複数のチャンネルを人々のために開放させることが実現しました。しかしながら一つ問題がありました。連邦通信法（一九三四年制定）においては、ＦＣＣに対しケーブルテレビへの法的な権限に関する明確な根拠が与えられていなかったのです。ここで言う法的な権限とは、ケーブルテレビを規制する権限のことです。それでも私たちはとにかくケーブルテレビのアクセス・チャンネルの開放に邁進し、やり遂げました。

しかし裁判所は、ＦＣＣがケーブルテレビに対し、ＰＥＧチャンネルと略称で呼ばれる、公共用（Public）・教育用（Educational）・自治体用（Governmental）の三つのアクセス・チャンネルの設置を義務化することは、「行きすぎだ」としました。アクセス・チャンネルの設置義務化は「ＦＣＣの裁量を超えている」と言うのです。しかし一方で最高裁は、それらＰＥＧチャンネルをケーブルテレビ局に設置させること自体については「違憲だ」とは言いませんでした。ただ、ＦＣＣには「連邦議会からその権限が与えられていない」という点を指摘してきたのです。そこで米連邦議会は、ＦＣＣにケーブルテレビを規制する権限を与えてくれることになったのです（一九八四年ケーブル・コミュニケーションズ法）。

「パブリックアクセス・ムーブメント」は、さまざまな成果をあげました。地方が制作した番組のいくつかは、衛星などを経由して複数都市におけるパブリックアクセス・チャンネルでも視聴されるようになりました。この中には、エイミー・グッドマンの「デモクラシー・ナウ！」という一時間のニュース番組が含まれます。私の地元であるアイオワ州のアイオワシティという小さな市でも、ケーブル会社は複数のチャンネルを別途アクセス・チャンネルとして区分けしていて、自治体チャンネル、教育委員会チャンネル、市民大学教育チャンネル、アイオワ大学チャンネル、図書館チャンネル、そしてパブリックアクセス・チャンネル、といったチャンネルの番組編成表がみられます（表２）。

パブリックアクセスは、ケーブルテレビにのみ適用されます。ケーブルテレビは、じつは人々が想像する以上の数のチャンネルを伝送することができるのです。よって、使い道を決めないまま、放ってあるチャンネルもあ

表2　ケーブルテレビ（アイオワシティ）の
アクセス・チャンネル番組表（2011年現在）

名称	内容	種別			チャンネル番号＊
		公共	教育	自治体	
City Channel（市チャンネル）	市広報番組（市議会中継など）			○	4
Interactive Channel 5（インタラクティブ）	オンデマンドによる地域情報				5
Iowa City Public Library（図書館チャンネル）	図書館情報（子供読み聞かせ番組など）	○	○		10
Kirkwood Television Service（カークウッド短大）	遠隔授業（クラシック番組など）		○		11
University of Iowa Television（アイオワ大学）	学生制作番組（特別講義など）		○		17
PATV Public Access（パブリックアクセス）	市民制作番組	○			18
Iowa City Community Schools（教育委員会）	教育委員会（会議中継など）		○	○	21

＊いずれも基本料金契約で視聴可。

ります。ケーブルテレビというものは、じつのところ新聞社や放送局といったマスメディアというよりは、多数のチャンネルと加入者を抱える電話会社に近いものかもしれません。電話会社は、回線にアクセスしたい人には、差別することなく機会を提供していますね。ケーブル会社も、他のテレビ制作会社が制作した番組を伝送する「回路（チャンネル）」を提供しているにすぎません。

以上、パブリックアクセス・ムーブメントの歴史について、現在と過去にわたって、かいつまんで話してみました。現時点で感じるのは、パブリックアクセスの未来は、インターネットにゆだねられているということです。東海岸コードと西海岸コードによって言論の自由に規制がかけられようとした場合、インターネットの利用者たちは、自由を求めて、これを阻止してゆくでしょう。

しかし、これらすべてのことを通じて考えた時、マスメディアは、まだまだ支配的な地位を保っていますし、依然として政府や大企業に仕える存在であると言えるでしょう。

誰のための「言論の自由」か――ジョンソン講義を理解するために

人々を教え導くべきメディア

一九二七年に公共放送として英国放送協会（British Broadcasting Corporation=BBC）が発足するにあたり、大きく貢献したリース卿（Lord John Reith）（一八八九―一九七一）は、メディアが教え諭す立場で機能を果たすことが重要との考えに立っていた。つまり、メディアに携わる人々は、何を伝えるかにかかわって、つねに良識と良心をもって人々に知るべき情報を選択し、伝達することにより、よりよい社会を築くことができるのだという考えを持っていたと推測される。

特に、商業的に成立したメディアに関しては、投資家から利益追求を大命題として常時つきつけられることから、さまざまな圧力を受けるため、リース卿は、放送メディアを公共的な存在とするべきであるとした。これは当時とすれば立派な見識だったかもしれないが、マスメディアにかかわる人たちが社会的エリートとして機能し、一般の人々を教え導くという考えの根底には、そこにさまざまな情報の選択が特定の人々に限定されることを前提としていた。

しかし、時代を経て、社会が刻々変化し、メディアや情報をとりまく環境が急速な勢いで変わる現代社会においては、商業主義から一線を画した公共のコンセプトにもとづくマスメディア機関のあり方も見直しを迫られてきた。より民主的な社会の形成のため、マスメディアが人々を教化するという機能に従事する「メディアエリートを形成する人々」が、倫理的に、また政府とのかかわりの中で、活動を制約される状況が、残念ながらみられるようになった。

マスメディアがこれまで、一般大衆の代表者として、代理人として限定的に担っていた、世の中の出来事を取捨選択し報道・伝達する機能が矛盾を抱えたり、歪みを生じたりする局面が散見されるようになった。日本で例をとれば、英国にならった公共放送モデルを展開してきたＮＨＫ（日本放送協会）内で、二〇〇八年一月、記者らが、株のインサイダー取引にかかわっていたことが発覚した。これは、個人の利益を求めず、社会に奉仕し、権力や腐敗をチェックする番人としてのイメージを大きく損なうこととなった。社会の公器を支えるマスメディアが機能するとの信奉が根底から覆されることとなる、大変残念な出来事だった。

パブリックアクセスという思想

さて、市民が、既存のマスメディアに対してアクセスすることについては一九五〇年代の米国で議論が始まった。これを支えた精神的な支柱はジェローム・バロン（法学者）だった。これに呼応するようにリンドン・ジョンソン大統領の側近として米国コミュニケーション関連の諸政策にかかわったニコラス・ジョンソン前ＦＣＣ委員、「官」という色合いを帯びたものとは一線を画し市民運動を展開したラルフ・ネーダー弁護士らが登場する。ネーダー氏は、米社会が当時抱える社会的矛盾、中でも大企業が市民の安全を脅かしてまで営利を追求することを質し（たとえば、ＧＭ製乗用車のコルベアに欠陥が多いと告発）、消費者保護法や情報公開法制定に向けて市民の力を結集していった。

日本でも、市民の情報に対するアクセス、情報公開のあり方が、東日本大震災により引き起こされた福島第一原子力発電所事故を契機に、改めて問われている。市民によるメディアチャンネルへのアクセスをめぐって、米国はどのような状況や社会的背景の中で、議論を続けてきたのか。そこには、「言論の自由」という今日の民主主義的な社会において、国は違っても、一番大切にしたい、保障されるべき権利に対する本質的な議論があった。

ニコラス・ジョンソンは、アイオワ大学で教鞭をとりながら、「伝えるための権利」そして「知るための権利」にかかわる視点の大切さについて、現在も広く社会に訴えかけている。その幅広い著述活動は、ウェブページを中心に展開されており、喜寿（七七歳）を迎えた今日も、その鋭さは依然として健在である。

四〇年前、ＦＣＣ委員としてジョンソンは、「言論の自由」を実現するために、憲法修正第一条の精神にのっとり、法律をもって人々に伝える権利を具体的に制度として実現することに意義を見出した。ジョンソン委員が活躍していた当時、一九六四年の大統領選挙の年にペンシルバニア州レッドライオンでの「レッドライオン事件」をめぐる一大論争が巻き起こっていた。レッドライオンのＷＧＣＢラジオ局で、牧師で右翼の時事評論家ビリー・ジェームズ・ハージスが、作家のフレッド・クックを一方的に批判したのである。クックはある雑誌に、共和党大統領候補のバリー・ゴールドウォーターについて論評を執筆したことがあり、それがハージスの目にとまったのであった。攻撃を受けた側のクックは、同じラジオ局の放送を通じて無料で反論することを求めた。これに対して、レッドライオン放送局は、放送局側には、番組を編成し、どのような内容を放送するかについて、憲法修正第一条にのっとった報道機関としての「言論の自由」があると一貫して主張した。連邦最高裁判所まで持ちこまれたこの事件は一九六九年に最終的な判断が下された。それによれば、個人攻撃に対しては、同じ時間を放送番組内に得てこれに反論することができることとなった。最高裁判所は、国民の「言論の自由」を求める声の方が、放送局のそれを上回るものと判断したことになる。

以後、レッドライオン事件と同種の争議について、ＦＣＣでは「公平・公正原則」(Fairness Doctrine) によって判断することとなった。またこれを契機に、ＦＣＣではパブリックアクセスを制度として確立しようとする流れができはじめ、それがケーブルテレビ事業において実現され、今日に至っている。レッドライオン事件で、公共の電波を通じて個人を攻撃することを見すごさず、攻撃された当事者が社会をまきこんで立ちあがった帰結として、米国社会にパブリックアクセスが誕生したと言ってもよいだろう。

しかし、ここで注意しておきたいのは、もっぱらレッドライオン事件に対する最高裁判断が、後にニコラス・ジョンソンFCC委員らを動かしてパブリックアクセスを生むことにつながったというのは、短絡的な見方だということである。たしかにレッドライオン事件は、マスメディアに対する市民のアクセス権意識を高揚させ、これを制度的に獲得させるという大きな成果を生むこととなったが、その周辺で市民がメディアにアクセスする権利が必要であることを念頭に置いた法的根拠を訴える賢人たちがいたことも忘れてはならない。

現在、ワシントンDCのジョージワシントン大学で教鞭をとっている法学者ジェローム・バロン（一九三四―）は、一九六〇年代から一九七〇年にかけて、米国市民が真の意味でマスメディアにアクセスする権利の重要性を米国社会に広めていった。

市場経済においては、よいサービスや優れた商品が人々に選ばれて、激しい競争があっても結局は、優れたものが淘汰された後に生き残るという、いわゆる「自由市場」の考え方がある。しかしバロンは、これを言論に置き換えて表現した「思想の自由市場」では、経済市場における一連の考え方はここに適用できず、市民が制度的にメディアへのアクセス権を獲得することで実現されるとの立場をとるにいたった。その背景には、メディアによる資本集中と独占があり、個人がこれに抗って同等の立場で力を発揮することには限界があるという見方があった。レッドライオン事件の最高裁判所判断においてもみられたように、放送事業者が免許を与えられているのは、放送局の思想を世に問うためではない。他の方法をもって放送にアクセスできない人々の意見や声のためにこそ放送局はメディアチャンネルを受託しているのであって、社会に奉仕するためという目的を優先させるべきとの考えがここにはある。

バロンは『誰のための言論の自由か』（*Freedom of the Press for Whom?*, 1973）を世に問うた。この著作は、後に日本で一九七八年に『アクセス権――誰のための言論の自由か』（清水英夫、堀部政男他共訳、日本評論社）として出版され、日本にもアクセス権、パブリックアクセスの考え方が入ってくるようになった。

第１章で問題の所在として位置づけられてきた、「①人々は必要な情報を得ているか？」そして「②日本のテレビは十分な情報を伝えているか？」について考えるための議論の素地をジョンソンによる講義は私たちに与えてくれているように思う。市民のメディアを通じて伝える権利は、表現の自由をもとにした「知る権利」にもとづいたさまざまな営みによってこそ成立するものと考える。世の中にあふれかえる情報の中から、厳選された情報を選び出し、自らが説得的に社会に対して情報を伝えてゆく、賢者としての市民たちによる力が、社会において日々醸成されることが非常に大事になる。それは、平たく言えば市民のメディアリテラシー力と言えるだろう。

同時にマスメディアが、さまざまな外部からの圧力によって伝えることのできない視点や論点を社会に提示してゆくことが求められている。この考えの上に立てば、マスメディアの限界性を認めた上で、そこでは展開しきれない自由な議論の場を提供できる空間を制度的に確保してゆくための営みも必要になる。それを達成するためには、国家・行政から独立した機関が、市民の伝える権利や知る権利のための回路を開くことが重要となる。

ジョンソンの講義の中には、「人々にとっての擁護者（ディフェンダー）」としての考えがあふれていた。市民にメディア回路を開いてゆくための営みがどのようにあればよいのか。そのためにも、第１章で提起した「③アメリカのテレビについて知られていない事実」――メディアの監督・規制をつかさどる独立した行政機関――を第３章で考えてみたい。日本では民主党政権発足とともに、「日本版ＦＣＣ」とも言うべき組織を発足させようとする動きがみられた。このような組織が日本に果たして成立しうるのだろうか。もし成立するのであれば、市民にメディアの回路を開く契機になるに違いない。

（金山　勉）

第3章　知る権利のためのテレビ――「日本版ＦＣＣ」を求めて――

1　テレビのゲートキーパー

一九七〇年代、米ロサンゼルスのテレビ局が舞台である――。
カメラマンとレポーター、それにテレビ局の局長らが、現像されたばかりのフィルムを編集機にかけて画面をのぞき込む。特ダネ映像に、みな興味津々といった様子である。しかし一本の電話が、それまでの局長の表情を一変させる。

局長「フィルムのことは？」
カメラマン「誰も知らん」
局長「六時（のニュース）には流さん」
レポーター「どうして」
局長「真相を確かめる」
レポーター「でも特ダネよ」

局長「そうらしいが事情がわからん……確認せずに放送はできん」
レポーター「私たちが目撃したのよ」

これは、映画『チャイナシンドローム』（一九七九年）の一シーンである。テレビ局の報道スタッフが原発の取材中、偶然地震に見舞われ、大事故寸前の原子炉制御室の様子を撮影してしまう。しかし上層部からの電話を受けて、テレビ局の局長はこれを放送禁止にしてしまう。

全米でこの『チャイナシンドローム』が公開されて一二日後の一九七九年三月二八日、米ペンシルバニア州のスリーマイル島原発が事故を起こした。操作ミスが重なり炉心の冷却機能が失われメルトダウンが起きたが、放射性物質の漏れは周辺地域に影響を与えるほどではなかったとされている。しかし、数ヵ月後ニューヨークで行われた反原発デモには二〇万人が参加し、原発への関心が一気に高まった。

「何を伝えるか」あるいは「伝えないか」の判断は、じつのところ日々メディアの現場で行われている。情報の「送り手」の判断は、帰結として情報の「受け手」である人々の、社会についての認識に影響を及ぼす。それ故に映画『チャイナシンドローム』は、たんなる娯楽作品とは一線を画すこととなった。

ユダヤ系の社会心理学者で、ナチスの台頭から米国に逃れたクルト・レビン（一八九〇―一九四七）は、食卓に並べられる食材が、どのような人々（たとえば食料品店の仕入れ担当や買い物客など）の判断を経て来たのかにヒントを得て、情報の流れを管理する意思決定者を「ゲートキーパー」（門番）と呼んだ(1)。

その後、アイオワ大学のデビッド・マニング・ホワイト（一九一七―一九九三）が、「ゲートキーパー」の実証研究を行った。ある地方新聞の編集者がどのように記事を取捨選択するか一週間にわたって調査し、その選択のあり方が編集者個人の主観に大きく依存していたことをつきとめたのである。やがてホワイトの結論はさまざまな研究者の手を経て、「ゲートキーピング」がなされる過程においては、組織の持つ価値観が個人の価値観に優先されることなどが判明し、「ゲートキーパー」研究は徐々に洗練され、理論として確立されていく。(2)

第1章の「議題設定」理論との関係で見るならば、メディアが繰り返し伝えるトピックやテーマがいつの間にか社会の中心的議題となってしまうというのが、メディアの議題設定機能である一方、「ゲートキーパー」理論においては、「何を伝えるか」「伝えないか」の判断を、どのような人物や組織がどのような過程で行うかに注目し、分析・説明しようとする。冒頭の映画『チャイナシンドローム』におけるテレビ局・局長は、原発を抱える地域が非常事態（の一歩手前）に陥った事実を「伝えない」ことにしたのであるが、じつはその判断は局長自身によるものではなく、上層部からの電話＝背後のゲートキーパーの意向を受けたものである。まさに「ゲートキーピング」の過程を描写してみせたと言ってよい。

同様の視点から、第2章でニコラス・ジョンソンがその底流にある思想を解説した「パブリックアクセス」を語るならば、それらアクセス・チャンネルのケーブルテレビへの設置義務化は「ゲートキーパー」の存在をテレビからなるべく排除しようとした社会実験であると言ってもよいだろう。むろん、パブリックアクセス・チャンネルにおいてさえ、番組制作者自身が視聴者に対する「ゲートキーパー」となる可能性もないわけではない。しかし、少なくとも人々はケーブル会社からの制約を受けることなく自由に番組を制作することが保障されており(3)、視聴者の側もアクセス番組はあくまで「個人の主張」とわきまえており、また「伝え手」の顔がはっきりと可視化されている点が、大手テレビ局など主流マスメディアが流すチャンネルとの違いである。

さて近年のゲートキーパー理論は、二〇〇三年のイラク戦争における米メディアの、いわゆる「愛国報道」への反省でふたたび注目されることになった。すなわちイラク戦争中の主流メディアは、米軍による戦闘行為の「正しさ」のみを強調し、当時の米政権にとって都合の悪い情報は過小にしか報道しなかったと言われている。

その流れに抵抗を試みたジャーナリストの中には、「反米的」といったレッテルを貼られたり、職を追われたりした事例もあるという。かつて「マッカーシズム」（東西冷戦時代の米国内における「赤狩り」）に勝利し、[4]「ペンタゴン・ペーパーズ事件」では米国民の「知る権利」にこたえ、[5]「ウォーターゲート事件」[6]では大統領を辞任に追い込むという、数々のジャーナリズム的偉業を達成してきた米のメディアでさえ、今回の「愛国報道」の風潮から抜け出すには年月を要した。

ゲートキーパー理論は、愛国報道をふり返るにあたって、その分析や説明に用いられた。現代のゲートキーパー理論の代表的研究者であるシラキュース大学のパメラ・シューメーカー教授らは、「ゲートキーピングの過程は、我々の生活や世界を規定し、最終的には各個人の『社会のあり方についての認識』(social reality) に影響を与える」[7]と指摘している。

また、インターネット時代を迎え、ブログ・ジャーナリズムに転じた雑誌編集者が「主流メディアはゲートキーパーだった」と回顧している点について、「ゲートキーパーは過去の存在ではなく、ブロガーたち自身も人々に伝えようとしている情報の取捨選択を行っている点で、やはりゲートキーピングを行っている」[8]と、ゲートキーパー研究者たちはコメントする（しかもその情報源は必ずしもブロガー自身が発掘したオリジナルなものではなく、じつは主流メディアであることが少なくない――魚住）。つまり、いかにメディアの「かたち」が時代とともに変容しようと、ゲートキーパーの介在はあり得るということである。

ひるがえって、日本においてもゲートキーパーの存在は意識され始めていると言ってよいだろう。たとえば、日本の主流メディアに特有の「記者クラブ」の存在について関心が高まっているのもその表れではないだろうか。もちろん、ゲートキーパーの存在が即、害悪であり排除すべきものであるということではない。それぞれの国・社会・文化にとって特有のゲートキーパーの存在は、それぞれに社会的必然であったり固有の歴史を持っている可能性がある（事実、日本の記者クラブはもともと、強大な権力をもっていた明治時代の帝国政府に対抗するために、新聞各社が協同したのが起源とされる）。

重要なのは、我々にもたらされる情報がどのような人や組織の判断を経てきたのか、もしくはどのようなゲートキーピングの過程を経てきたものであるのか、我々自身がそれを把握しておく（もしくは「把握しきれない」ことを意識する）必要があるということだ。そのことを理解した上で、人々はメディアからの情報を慎重に選別して、社会のあり方についての認識につなげていけば、ふたたび歴史的な過ちを繰り返すことはないだろう。何も自らすすんで、メディアやゲートキーパーが提示する世界観に浸ることはないのである。

最大のゲートキーパー

原発報道を例にとると、過去に筆者の地元である大阪の民放テレビ局について、次のようなことが起こっている。

「ある地方テレビ局が数年前、原子力に批判的な研究者をドキュメンタリー番組で取り上げたところ、地元電力会社が『原子力を理解していない』と猛烈に抗議した。番組はこの電力会社を直接批判する内容ではなかったが、テレビ局は広告主の抗議を無視できず、記者による定期的な原発見学を約束した。この件について取材した私に、電力会社の役員は『（原発が）いかに安全か理解していない。「反省しろ」ということだ』と言い放った。その傲慢な態度は、今回の事故を巡る会見で見た東電幹部と重なり合う。」（『毎日新聞』二〇一一年四月二一日付「記者の目　『原子力ムラ』の閉鎖的体質」）

このような抗議を電力会社という大スポンサーから受けて、毅然としていられる商業メディアはそう多くはない。この事例のテレビ局がそうだと特定するつもりは決してないが（事実このテレビ局の報道姿勢はその後も一貫している）、スポンサー企業としての電力会社は、民放テレビが何を放送する・しないについて、間接的にゲートキーパーの役割を果たすことは十分あり得る。

ところで日本の放送法は、いわゆる「番組編集準則（放送法第四条＝旧第三条二項）」で放送番組に次のような基準を示している。

1　公安及び善良な風俗を害しないこと。

2　政治的に公平であること。

3　報道は事実をまげないですること。

4　意見が対立している問題については、できるだけ多くの角度から論点を明らかにすること。

もっともらしく聞こえるこれらの条文も、ゲートキーパーの手にかかれば、むしろ人々の「知る」権利をせばめてしまう道具にもなりかねない。先の事例にあてはめれば、たとえば4の定めにもとづいて「原発批判の番組は偏っている」、「『原発＝安全』という視点が欠けている」といった主張も不可能ではない。本来、「放送が健全な民主主義の発達に資するようにする（放送法第一条の三）」ために、放送に多様な意見を提示させようと規定してあるこれらの条文も、放送局が萎縮する方向で法的拘束力を発揮させることは可能であり、それ故に放送法の運用は慎重を要する。

これに関し、実例を紹介しておく。2の定めにもとづき、東京の民放テレビ局が放送法違反（偏向報道）の疑いをかけられ、放送免許を危うくしたことがあった（一九九三年「テレビ朝日報道局長発言問題[9]」）。しかし当時の管轄省庁だった郵政省の主張は、今その論理をふりかえってみると奇妙である。いわば、放送が政治を批判するのは「政治的に不公平」とでも言っているかの如きで、少なくとも民主国家では論理破綻をきたしている。[10]

それではなぜこのような、メディアの権力監視機能（＝第四の府）を否定するような、あるいは放送のジャーナリズム性をないがしろにするような理屈が日本ではまかり通ってしまうのか。それは、放送番組の政治的公平性を政府（一九九三年当時は郵政省、現・総務省）が判断できるという仕組みに問題があるからに他ならない。放送局にとって、「放送免許の発行」という許認可権を持つ行政主体は絶対的な存在であり、したがって放送内容に対する最大のゲートキーパーとなり得る。ゲートキーパーとしての政府が番組内容や番組編成に与える影響は、政府にその明確な意思がなくとも、放置しておけるほど小さくとどまってはいまい。

かつては日本でも、放送ジャーナリズムを否定するような理屈が成立しないように、放送行政の制度設計が慎重になされていた。「言論の自由」を定めた憲法の要請にこたえる放送法制が整えられていたのである。「国家権力を監視する役割を持つ放送局を国家権力が監督するという矛盾」（民主党政権が本格的に「日本版ＦＣＣ」を検討するきっかけとなった原口総務大臣（当時）の言葉。「放送に対する国の恣意的な介入を排除します」と続く）の解消は、まさに次項の「電波監理委員会」という独立行政委員会の存在で担保されていたのだった。

2　ファイスナーと電波監理委員会

二〇一〇年夏に来日を果たした元ＦＣＣ委員のニコラス・ジョンソンは、京都で自身が深く関与したパブリックアクセス・チャンネル設置についての特別講義を行った後、金閣寺の散策に出かけた。偶然、その帰りがけに乗ったタクシーのラジオで、ある老アメリカ人の死去を知ることとなった。その人とは、戦後日本の放送史における最重要資料と位置づけられる「ファイスナー・メモ」の筆者[11]、クリントン・ファイスナー（享年九九歳）である。「日本版ＦＣＣ」論をはじめ、戦後日本の放送行政に関する議論の多くは「ファイスナー・メモ」を出発点としたものであると言っても過言ではない。

ファイスナー・メモについてはすでに多数の研究論文が存在する。また、「故郷のペンシルバニアの風景に似ている」（本人談）との理由で、終の棲家に選んだ宮城県川崎町・蔵王山麓の広大な庭を持つ自宅にインタビューに訪れたのは、ＮＨＫ放送文化研究所の向後英紀氏（当時）をはじめ、教育テレビ『ＥＴＶ２０００』番組取材スタッフ、ジャーナリストの石井清司氏など複数にわたっており、その内容もさまざまなかたちで公表されている。[12]

　ここでは、ファイスナー・メモの経緯と内容については簡潔に記すにとどめ、初代「日本版ＦＣＣ」とも言える電波監理委員会（一九五〇―五二年）の特長について、要点のみを述べておきたい。

　戦後日本の民主化にあたって連合国軍総司令部（ＧＨＱ）は、その戦時中の影響力から新聞・放送をはじめとするメディアの民主化を重視したのであった。とりわけ放送については、戦前戦中は社団法人・日本放送協会によるラジオ放送以外に事業者が存在しなかったこともあって、一九一五（大正四）年に制定された無線電信法[13]や、逓信省ならびに大本営による検閲以外には特段依拠すべき放送法制が確立されていない状況であった。そこで、民主国家にふさわしい放送メディアを実現すべく、新憲法の理念に沿った放送法の制定と、その行政主体の創設が必要とされたのである。

　具体的な立案ができる人材探しは、ワシントンＤＣの米政府周辺にまで及んだという。やがて行政法にくわしい行政官の中から「有能との評判」だったファイスナーが選ばれた（石井清司「戦後放送の夜明け　第一回　ファイスナー

写真４　ありし日のファイスナー（1997年6月1日、撮影・魚住）
「日本版ＦＣＣ」の復活を見届けることなく、ジョンソンとマーカスが来日中の2010年7月5日、宮城県川崎町の自宅で他界

と放送法」『放送レポート』二〇七号、二〇〇七年七・八月）。ファイスナーは一九四六年に来日し、GHQ民間通信局に所属し、戦後日本の放送行政の基盤となる指針作りを行った。その文書が「ファイスナー・メモ」という名称で日本の放送史に刻まれることとなった。

日本の放送に競争原理を持ち込むことによって優れた放送番組が生み出されると信じたファイスナーは、当初から日本に公共放送と商業放送の並立を認めるべきだと考えていた。その一方で、放送が維持しておかなければならない公共性についても釘を刺しておくことを忘れなかった。ファイスナーは、新しく制定される日本の放送法が、次に掲げる根本原則（fundamental principle）に沿ったものとなるよう、逓信省（当時）の官僚たちに迫ったという。

ファイスナー・メモに示された根本原則（一九四七年一〇月一七日）

1　新しく制定される放送法は、テレビを含めた放送メディアの、あらゆる放送技術を発展させる基盤となるものでなくてはならない。

2　放送法の立法にあたっては、次の一般原則を反映したものでなくてはならない。

(a)放送の自由
(b)不偏不党
(c)公共サービスとしての責務の充足
(d)技術規準の順守

3　新しく制定される放送法は、あらゆる放送を規制する機関を創設すべきである。その機関は「独立機関」（autonomous organization）でなくてはならず、他の行政機関から完全に切り離された存在でなくてはならない。（中略）その機関は、特定の政党・私企業・個人的な団体などに支配されてはならず、理想を述べるならば日本の人々によってコントロール（to be controlled）されなければならない。（魚住訳）

補足説明をしておくならば、２の(a)は放送に対する権力の干渉を禁じたものであり、(b)は放送の政治的中立性の確保、(c)は放送を公共事業として位置づけようとしたものである。これら基本方針は、放送法第一条の二「放送の不偏不党、真実及び自律を保障することによって、放送による表現の自由を確保すること」といった具体的な条文となって、戦後の民主的な放送法制が具体化していくこととなる。

「ファイスナー・メモ」中、３に示されている「独立機関」の創設が、すなわち電波監理委員会の設置である。ファイスナーは、日本の放送行政を政治やビジネスから切り離し、一般の人々が関与できるようなものにしたかったことがメモからうかがい知れる。ファイスナーは生前、電波監理委員会のことを「我が子」（my baby）と形容していたが、まさにファイスナーの理想や期待を背負ったが故にその申し子は難産をきわめた。その詳細については、教育テレビ「戦後・放送はこうして始まった」（『ＥＴＶ２０００』二〇〇〇年六月一日放送、ＮＨＫアーカイブス保存番組）や、石井清司氏による聞き取り調査（「戦後放送の夜明け」）があるのでここでは省くが、なかでもよく知られている話として、ファイスナーは「メモ」にある根本原則を日本側に受け入れさせるため、ＧＨＱの最高司令官であるマッカーサーの力添え（＝いわゆる「マッカーサー書簡」の吉田首相への送付）さえ必要とした。それだけファイスナーが迫った根本原則は、行政権限の独立委員会への委譲を意味する点で日本側政府にとって受け入れがたく、「時代を先駆けていた」[14]と言えよう。

占領政策の開始から五年後の一九五〇年、電波三法（電波法・放送法・電波監理委員会設置法）の制定によって電波監理委員会はようやく立ち上がる。委員会の困難を予見していたのであろうか、ファイスナーは前後して委員らを米ＦＣＣに派遣し、その通信放送行政の実際を学ばせている。当初、電波監理委員会は一名の委員長と六名の委員から構成され（後に欠員を生じ五名体制）、衆参両院の承認を得た上で総理大臣が任命すると規定されており、また四名以上の委員が同一政党の支持者であってはならないとされた。さらに電波監理委員会の決定への不服申し立てや紛争の解決には、聴聞会の開催や、その聴聞内容を審査する「審理官（エグザミナー）」を置くなどして、行政手続をよりいっそう可視化しようとした。

ファイスナーが理想とした通り、電波監理委員会の日本政府からの独立性は一応保たれ、電波監理委員会の放送行政における最終判断は、内閣でさえ覆すことができないものとして規定通り運用された[15]。しかし、そのきわ立った権限が災いしたとも考えられ、そもそも電波監理委員会の設置自体に反対していた吉田茂首相によって、日本の主権回復を機に「行政組織の簡素化」を理由として、統計委員会など他の独立行政委員会とともに電波監理委員会は廃止（一九五二年七月三一日）されてしまう[16]。

電波監理委員会が存在した二年あまりを「わずかな期間」と形容すべきかどうかは、その間に委員会の果たした機能や役割をどう評価するかにもよるだろう。すなわち電波監理委員会はこの二年あまりで、①放送局開設の根本規準を策定し、②民間ラジオの放送免許を発行し、③白黒テレビ放送の方式を決定し、④テレビ予備免許の審理までをやり遂げたのであった。これらに伴う聴聞会は計一九回開催されている[17]。なかでも③の白黒テレビ方式について、聴聞会で意見が激しく対立し、委員会の決定に異議申し立てが行われたことは「メガ論争」[18]として知られている。委員会の決定にはさまざまな評価が存在するが、まがりなりにも聴聞会を通して行政プロセスを公開しようとした事例の一つとして前向きにとらえておきたい。

3 「日本版ＦＣＣ」への試み

ＩＣＴフォーラムで何が議論されたか

さて電波監理委員会の廃止後、放送行政の独立委員会化はたびたび俎上に上ってきた。なかでも具体的な議論にまで及んだのは、一九六二年から一九六六年まで郵政大臣の諮問機関として放送法改正を審議・答申した臨時放送関係法制調査会における「放送委員会（ＮＨＫ案）」ならびに「放送監理委員会（山田節男案）」である。また一九九七年の行政改革会議における「通信放送委員会」構想は、その背景として日本の通信市場のオープン化といったビジネスの論理が指摘されるものの、根本的な考え方は通信放送行政の独立化・可視化をめざしたものであることには違いがない。

写真５　第６回ＩＣＴフォーラム（2010年６月２日）、正面右方に原口総務大臣（撮影・魚住）

そして民主党が「政策INDEX」の一つに掲げた「通信・放送委員会」（日本版ＦＣＣ）である。具体的には二〇〇九年の政権交代後、原口一博総務大臣（当時）が、放送行政のあり方を検討する場として、有識者による研究会「今後のＩＣＴ分野における国民の権利保障等のあり方を考えるフォーラム」（以下「ＩＣＴフォーラム」またはたんに「フォーラム」と表記）を設けたことにより議論が始まった。研究会は、二三人のメンバー（学者、ジャーナリスト、ＮＰＯ、新聞社、テレビ制作会社など）と六名のオブザーバー（NHK会長、民放連会長、通信事業者など）から構成され、それらメンバーの随行員や一般傍聴者・報道関係者、ならびに総務省関係者を加えた一〇〇名規模（ネット中継による「一般公開」も実施）のフォーラムが、二〇〇九年一二月一六日の初会合を皮切りに、二〇一〇年一二月の第一一回会合まで、総務省の特別会議室で開催された。

各回の会合における検討内容は、総務省のウェブページ内に「『ＩＣＴフォーラム』報告書の公表[19]」があるので省くが、結論から先に述べるならば、「最後まで独立機関に関する本質的な協議が行われないまま、昨年（二〇一〇年）一二月に一年間の審議を終えた[20]」といったところがフォーラム参加者の率直な感想であろう。もちろん、独立機関について全く協議されなかったわけではなく、「新たな組織・機関の設立」についての積極・消極両意見が、第一回〜第七回会合で複数の構成員から発言されている。また放送倫理・番組向上機構（ＢＰＯ）での議論をよそに、総務省による放送内容にかかわる行政指導が度重なっている問題を提起する発言が、第八回・第九回会合であった。これは「放送に対する国の恣意的な介入を排除する」という当初の「通信・放送委員会」構想を思い起こさせる点で、一年のスケジュールの後半にさしかかったフォーラムが「新たな組織」を協議せずにこのまま終了してしまってよいものか間接的に警鐘を鳴らしていたと受け止めたい。

また、公式のフォーラム報告書（と別添資料編[21]）とは別に、独自のアンケート調査を実施して、フォーラムに関する数少ないレポートに仕上がっている「メディア政策の未来とは」（コムライツ編、『放送レポート』二二九号）によると、じつは複数の構成員たちの「新組織」への意欲がまだ消え去っていないことがうかがえる。協議は活性化しなかったが、放送行政の独立委員会化への道が閉ざされたわけでもなく、将来展望を残したフォーラムであったと位置づけたい。

さて、ＩＣＴフォーラムは総務大臣の交代により、一一回の会合のうち最後の二回は片山新総務相を迎えることとなった（ただし第一一回は欠席）。しかし、そもそも前大臣が自身の問題意識から発足させたフォーラムであることに加え、会合自体がすでに議論の整理段階に入っていたこともあって、「日本版ＦＣＣ」については一部の熱心な構成員とオブザーバーによる言及がなされるにとどまり、最終回は報告書のとりまとめにむけた提案が主となり閉幕となった。

ＩＣＴフォーラムに先駆け、原口大臣は「国民に約束したこと」として「通信・放送委員会（日本版ＦＣＣ）」設立を確約したはずだった（二〇〇九年九月一七日発表）。ところが九月二五日に放送局サイドから懸念が表明されると、一〇月六日の大臣会見では、目指すものは「米ＦＣＣとは異なる」と、みずから「ＦＣＣ」という言葉を牽制するような発言にいたった。ＩＣＴフォーラムは、じつはこのようなやりとりの後で開催されたのである。

結果論ではあるが、原口大臣が「日本版ＦＣＣ」という看板を早々に下ろしてしまったことは、米国追従でないという意思は示せたかもしれないが、具体像を一歩後退させることにつながらなかったか。たとえ当の米国ＦＣＣに問題があろうとも、日本の放送行政のスタート地点となった電波三法は、その一つが電波監理委員会設置法だったのであり、これはまぎれもなく米国ＦＣＣにならったものであった。その歴史的経緯をふまえて「日本版ＦＣＣ」の名称を使ったところで、どのような不都合が生じるというのであろうか。

その後示された「『言論の自由を守る砦《とりで》』を築くという理念」も、それが理念であることがかえってフォーラムの構成員に暗中模索的な作業を強いる雰囲気を与えてしまわなかったか。かりに「日本版ＦＣＣ」と言っても、日本の法文化や諸制度、社会の実態にあわせたものへと調整が必要なことは自然であって、「世界に類例のない」日本独自のものを掲げてみせるために、「日本版ＦＣＣ」というキャッチフレーズを、（反対派にも賛成派にも目にとまりやすく議論が活性化しやすいという意味で）あえて放棄する必要は特段なかったようにも思われる。

電波監理委員会の廃止以来、最もその実現性が高かった二一世紀の「日本版ＦＣＣ」構想は、ＩＣＴフォーラムの閉幕とともに、民主党が掲げてきたその他のマニフェスト同様、勢いを失っていく。しかしながら、フォーラムにおける複数のプレゼンテーションや問題提起を通して、放送をとりまく環境が激変している事実が再確認され、放送行政はもちろん従来の放送のあり方についても検討が必要であることが露呈したことは前向きにとらえたい。すなわち、『国民の権利保障等の在り方』を考えるフォーラム」と言っても、「保障される対象は、放送事業者が主眼であるように見えなくもない」[22]といった指摘が示すように、こういった会合が、回数を重ねるうちに従来の放送の「保全」へと傾斜していく様子がうかがわれたことは、かえって放送界の危機意識を浮き彫りにしたのではないか。

来日中の二〇一〇年六月三〇日、第七回ＩＣＴフォーラムに出席したマイケル・マーカスは「何かお役に立てることがあれば」とフォーラム座長をはじめ、総務省職員ならびに関係者と名刺交換を行っていた。ＩＣＴフォーラムは日本のコミュニケーション政策にかかわるものであるから、必ずしも外国人の視点を必要としなかったのかもしれないが、日米両国の通信放送行政に明るく関連論文も執筆しているマーカスのような人材の参加が最初から予定されていたならば、フォーラムの成果もまた違ったものになったかもしれない。

求められる独立委員会

「エネルギー資源の乏しい日本の脱原発は誤り」――過去に米国防副長官を務めたジョン・ハムレ氏の提言が、電力供給に不安の声があがる八月初旬、日本の新聞紙面を飾った（『日経新聞』二〇一一年八月五日付、ジョン・ハムレ「原発事故から学ぶ③　原子力放棄、むしろ弊害大」）。現・米戦略国際問題研究所所長のハムレ氏によると、「日本の原子力放棄は、むしろ弊害の方が大きい」という。使用済み核燃料の後処理策については示唆に欠けるものの、きわめて説得力の高い主張が展開されたこの「論文」には、原発の推進・反対両派のみならず、日本の行政機関全てが参考にすべき重要なポイントが示されている。

「……日本が原子力発電の推進で大きな成功を収めてきたやり方自体が、現在の危機の主因にもなっている。経済産業省は原子力発電を熱心に推進する一方で、安全な原発運転に関して法的な監督責任を負っている。これでは野球チームの監督が審判を兼務するようなものだ。このような体制は機能しない……今となっては、日本の原発は安全に運転されているとか、安全に運転を再開できるなどと、誰が言っても信用されない。……この機関を経産省から分離し、国会直属の独立機関とすべきである……米原子力規制委員会（ＮＲＣ）がモデルとなろう。」（傍点、魚住）

原発行政と放送行政の違いはあるが、行政機関の独立委員会化という点でハムレ提言は、マイケル・マーカスの講演「日本のコミュニケーション行政機関をデザインする」（巻末参照）における提言と重なる。特に経産省の一機関である原子力安全・保安院による原子力行政を指して「野球チームの監督が審判を兼務するようなもの」とのハムレ氏の指摘は、まさに「規制とＲ＆Ｄ（研究開発からの産業振興）を同一の機関が担ってはならない」とするマーカスの指摘そのものである。なお、同じ趣旨の提言は、他からも挙がっていると推察する。

ところで「日本版ＮＲＣ」的なるものは、じつは数十年来存在する。「原子力安全委員会」と呼ばれるその組織は内閣府に属する審議会の一つであり、「専門家集団の（政治や業界から独立した）中立的な立場からのチェック」が期待されていた。しかし、原子力安全委員会がその期待を裏切ってきたことは、今回の原発事故を受けての記者会見で、委員会の実態についてある委員が発言した内容から明らかとなった。「率直に言えば（原発の安全）指針を読んでも、スーっと読み飛ばしていた……やっぱりこれはまずいな。」（ＮＨＫ二〇一一年六月二二日放送、『ニュースウォッチ９』）

仕組みとして業界や政治からの独立性が確保されていることはもちろんのことであるが、どのような委員会を設置してみたところで、その委員たちが委員会の役割を自覚していなければ「絵に描いた餅」に終わってしまう。現在、原子力安全・保安院を経産省から分離し、新たに環境省の外局として「原子力安全庁」を設置し、その諮問機関として原子力安全委員会を置く案が検討されている。ハムレ提言に照らしあわせれば、仕組みとして国民の信頼を回復できる行政がこれで可能なのか、なぜはっきりと「独立」をうたった規制委員会の設置ならびに人選をしてみせないのか、といった疑問が残る。

さて、ひるがえって放送行政においても、「電波監理審議会」と呼ばれる諮問機関が電波監理委員会廃止後、郵政省の付属機関として設置され、「通信・放送の規正に関して調査・審議し、郵政省（現総務省）に勧告」している。その審議会開催状況などは総務省のウェブページを通して公表されている。ところが放送行政の審議会方式について、他の審議会との比較や人選のあり方、その具体的な取り扱い案件も含めた分析・評価が「審議会史」的なもの以外見あたらない。

一方、マーカス講演で言及した米国の「一九七二年連邦政府諮問委員会法」は、諮問委員会を創設する場合、その人選は「一般からの候補者を受け付けること」としており、また「関係する全てのグループを代表していること」と定めている。[23] 日本の各種審議会は、その委員の人選が所管官庁の裁量で行われることが少なくないと言われている。日本の行政関連法規の充実が待たれる部分である。

（魚住真司）

［付］日本のコミュニケーション行政機関をデザインする

マイケル・マーカス

これは二〇一〇年七月五日に開催された同志社大学大学院アメリカ研究所での講演会での模様を発表原稿と録音をもとに、内容を整理・編集、日本語化したものである。その内容は前日に開催された日本マス・コミュニケーション学会におけるワークショップと基本的には同じである。七月五日講演は発表時間に余裕があったため解説が詳細なものとなったが、本書は紙面の都合上、その全てを掲載していない。

マイケル・マーカス（Michael MARCUS, Sc.D.）

一九四六年ボストン生まれ。電気工学博士（一九七二年マサチューセッツ工科大学）。米軍関連の技術系研究所勤務後、一九七九年から二〇〇四年までＦＣＣの科学技術局、技術工学局、技術現業局の各所属部署にて上級職員（Chief）としてリーダーシップを発揮。またその間、東京大学先端科学技術センター客員研究員（一九九〇―九一年）、郵政省通信総合研究所客員研究員（一九九七―九九年度マンスフィールド・フェロー）として日本に滞在し、日本の通信ネットワーク状況や通信放送行政を調査・研究した。ＦＣＣ在任中、Wi-Fi（無線ＬＡＮ相互接続）規格を定めたことでも知られる。現在は Marcus Spectrum Solutions 社の代表として、米国内はもとよりＥＣ（欧州共同体）や日本をはじめ諸外国で通信技術に関するコンサルタントや講演を引き受けており、各国の通信放送行政に精通している。夫人は原子力工学で全米初の女性博士号取得者であるゲール・

マーカス博士でNRC（米原子力規制委員会）での経験も豊富である。

皆様こんにちは。日本に戻れてうれしいです。三〇年前、初めて日本に来てから日本に住む機会がこれまで二度ありました。東大で研修を受け、一一年前には郵政省で研修を受ける機会に恵まれました。日本のコミュニケーション行政機関をデザインするにあたり、FCCと日本の郵政省に務めた経験のある者として、その内実に沿った、実際的な視点を提供できたらと思います。本日話す内容は、あくまでも外国人の視点であり、最終的な判断は日本人の手にゆだねられるべきであります。その際見落とせないのは、日本はこれまでも外国の経験に学び、日本にあうようにそれを吸収してきたことです。

主要国の比較（法的権限の管轄など）

放送通信分野の行政機関については、国によってさまざまなことになっています（付表）。英国ではかつてさまざまな機関が通信放送行政にかかわっていましたが、三年前に統合され、OFCOM（オフコム）が誕生しました。OFCOMは電波帯域の分配など放送・通信を管轄しますが、R&D（研究開発や産業振興）にはお金を出しません。R&Dを除き、英国における通信放送の全ての側面を「コントロール」します。

ところでOFCOMが発足してから数ヵ月で講演を引き受けた際の私の感想は、OFCOMは困難にまきこまれるだろうな、ということでした。米FCCがそうであったように、もっぱら放送に翻弄され、他のコミュニケーションへの関与がおろそかになりつつあったからです。

それは、放送はいまや古いメディアの一つですが、いまだに政治的な注目を浴びやすいからです。なぜなら放送はお金になりますし、実際のところ放送が人々に何を聴かせるか・視せるかを決めているからです。政治家には——特に日本のような一党支配が長年続いたような国では——、人々に聴いてほしくないようなこともありま

付表　マーカスによる通信放送行政機関の主要国比較

国	機関名称	管轄	R&D*
英国	Ofcom （Office of Communications）	電波配分 （放送／通信）	なし
日本	総務省	電波配分 （放送／通信）	あり
カナダ	Industry Canada	電波配分 非放送免許 通信技術	あり
	CRTC （Canadian Radio-television & Telecommunications Commission） （カナダ・ラジオテレビ委員会）	放送 （所有・放送内容） 通信 （所有・料金規制）	なし
米国	FCC （Federal Communication Commission） （連邦通信委員会）	非政府電波利用 （放送／通信）	なし
	NTIA （National Telecommunications & Information Administration） （米電気通信情報局）	連邦政府電波利用	なし

＊　研究開発への関与もしくは予算の有無

す。一党支配の長期化は、政権党にとってもよくないことでした。半世紀にわたって日本の放送は「ダイナミック・アクション」（大きな変動）を起こすことができないできました。私の観察では、日本のテレビニュースは米に比べて「鈍い」（dull）です。たとえば「フォックス・ニュース」（＝Fox News Channel、米のニュース専門チャンネルで、保守的とされる）を支持するわけでは決してありませんが、日本のテレビニュースより興味をひかれます。

さて話を「主要国比較」に戻します。日本の総務省はR&Dに大きな予算を持ちます。またそれが行政指導を効力のあるものにしています。かつて日本では、インターネット関連の技術が導入されるのに時間がかかっていましたが、それは郵政省（当時）が投資した技術にとって脅威となるものだったからです。国民の税金＊を投入した技術分野が失敗に終わると、判断ミスを指摘されかねません。したがって、規制とR&Dを同時に行う機関には問題があるのです。

＊　電波利用料収入は年六百数十億円規模であり、その八割を携帯会社（携帯電話の利用者にも転嫁）が負担していると言われ、電

波の大口ユーザーとも言える放送局との負担格差が問題になっている。なお、電波利用料の導入当初（一九九三年）は携帯電話一台につき六〇〇円が徴収されていたが現在は二五〇円――魚住。

次にカナダの場合です。日本が必要としているのは、じつは「日本版ＦＣＣ」ではなくて、おそらく「日本版ＣＲＴＣ」（カナダ・ラジオテレビ委員会）でしょう。カナダでは、二つの行政機関が役割分担しており、インダストリー・カナダ（Industry Canada）はＲ＆Ｄにかかわりますが、ＣＲＴＣは放送行政やいくつかの通信行政を行うのみです。インダストリー・カナダは日本の経産省に似た組織ですが、ＣＲＴＣは委員会です。日本の民主党がやりたかったことは、カナダのＣＲＴＣのようなものだったと思います。私の経験上、放送行政は（それ専門の機関で実施しないと）組織に壊滅的なほどの大変さとなります。

さて米国にはＦＣＣと、あまりその存在がめだたないＮＴＩＡ（米電気通信情報局）があって、前者は電波の民間使用と分配を担当し、後者は連邦政府関連の電波使用を管轄します。両者ともにＲ＆Ｄからは距離を置いています。

委員会の透明性

ＦＣＣにしてもＣＲＴＣにしても、その委員はどういった人たちなのでしょう。賢者たちなのでしょうか、それとも政治的に中立な人物なのでしょうか。そんな人たちをそろえるのは、言葉の上ではできても実際はきわめて困難です。

そこで委員会の透明性です。ＦＣＣの透明性については、日本の行政に比べてきわめて高いものがあります。じつはそれは、委員会という「形態」に理由があると言うより（ＦＣＣの形態については、これまでおよそ一〇年周期で改革議論がまき起こってきたが、どのように形態を改革すればよいのか、過去の文献の示すところはさまざまである）、米国における全ての行政委員会や「庁」（agency）に共通して適用される関連法規（たとえば「一九四六年行政手続法」（APA = Administrative Procedures Act of 1946）や「一九七二年連邦政府諮問委員会法」（FACA = Federal Advisory Commission Act of 1972）がそれを要請しているからなのです。ＥＰＡ（米環境保護庁）にしてもＮＲＣ（米原子力規制委員会）にしても、組織の構造は大きく異なりますが、求められる透明性は同じです。個人的には、（放送など）価値観や主観がともなう行政には委員会行政、もっと単純な分野の行政には「庁」が適していると思っています。

法体系の違い

これはあなた方が法律家でもない限り重要視してくれないかもしれませんが、米国がコモン・ロー（＝判例法主義、英米法体系）の国であることは指摘しておかなければなりません。魚住先生がいま手にしているＦＣＣについての文献には巻末に六〇ページに及ぶ判例集が付いています。なぜでしょう？　コモン・ローの国においては、それら判例が法を「拡張」（extend）するのです。これは日本とその他のシビル・ロー（＝制定法主義、大陸法体系）の国々とは違うものです。良いか悪いかはさておき、米国では法律の条文を読むだけでは済まされず、過去の判例も必要になります。英米法下においては、法律というものはそこに記された条項も大事ですが、裁判所がどう解釈し判断するかがより重要です。

ＦＣＣを知るには、米国の行政手続法を勉強しておかなければなりませんが、それは日本の行政法とは内容的にかなり違うものです。ＦＣＣについては、その決定が裁判所によって審査されることがすなわち透明性の確保につながっているわけです。ＦＣＣは案件について決定を下す際、パブリックコメントなどを通してひろく一般からの意見を聞いてからでないと（二〇一〇年五月だけで二万件のパブリックコメントがよせられた）、「適法な行政手続きを経た」と裁判所に認めてもらえず、決定が覆されるかもしれません。さすがにそれは避けたいので、

FCCは努めて意思決定の過程を明らかにしておこうとするのです。

FCCによる決定に対しては、毎月五件ほど控訴審に提訴があります。FCC所属の弁護士は、そのたびにワシントンDCの控訴審に出かけて行きますし、年に数回は最高裁にも出廷します（だからといってFCCへの「異議申し立て」がその程度の件数で済んでいるわけではなく、FCCは恐らく年間三千件くらいの申し立てに対応している）。特に放送行政は政治がからみます。どこかの離れ島からやってきた賢者でもない限り、自身の判断から政治的傾向を完全に除去するのは無理です。ですから、これらはそのための仕組みなのです。ちなみに私が日本の郵政省に研修に来ていた頃、「直近の行政訴訟はいつでしたか？」と尋ねると「一〇年前」と答えが返ってきて驚きました。日本ではあまり異議申し立てがありませんね。

委員や職員の確保

日本版FCCを作るとして、委員や職員をどこから調達するかという問題があります。他の省庁や行政機関から出向を受け入れると、委員会の独立性に問題が生じます。日本政府における定期的な人事異動は、他の省庁や国際機関・私企業にもおよんでおり、それはそれで有益な面もありますが、日本版FCCのような行政機関にとってそれがよい結果を生むのかは検討の余地があります。

専属職員を雇うのでしょうか。アメリカの人々は、おおよそ数年で仕事を変えることが多く、人材は流動的で公募すれば確保できますが、終身雇用がまだ前提の日本ではうまくいくかどうかわかりません。アメリカの大学生たちは、FCCなどの機関に履歴書を送付して、スタッフとして何年かキャリアを積んで、また別の仕事へと転じていきます。また、たいてい委員たちも数年でFCCを去りますし、その後は放っておかれます（委員たちも後の面倒を見てもらおうとは思っていません）。ニコラス・ジョンソンは七年余りFCC委員を務めたようですが、これはFCC委員としては「長期間」なのです。

おわりに

日本ではまだインターネットが普及期だった九〇年代後半、「ＩＳＤＮ」と呼ばれた方式に工事費五万円あまりを支払ってネット接続した消費者は、二〇〇〇年代に入ると、ブロードバンド（より高速なネット接続）のＡＤＳＬに乗り換えるために、もとの電話回線に戻さざるを得なかった。また、二〇〇七年に放送が終了したアナログ・ハイビジョン（ＭＵＳＥ方式）テレビに五〇万円を出費した消費者は、デジタル方式のハイビジョンテレビが今や一〇分の一の価格で廉売されていることに複雑な思いである。さらに、日本の携帯電話業界は国内の独自方式を固持したために、海外の携帯端末市場で苦戦を強いられることとなり、スマートフォンにいたっては米アップル社の「iPhone」を模したような「追従型」端末でお茶を濁している。

そしていま、日本の電力会社が懸命になって維持しようとしている原子力発電についても、その方向性は「スマート・グリッド」（太陽光・風力発電といった再生可能エネルギーと、ＩＴ技術をかけあわせた総合的な電力供給プラン）と呼ばれる、世界的な「潮流」から外れつつあるように見える。

日本は、当初こそ世界が驚くような高い技術を誇示してみせるのであるが、ほどなく「ガラパゴス化」に陥り、結局はグローバル・スタンダードに乗り遅れた「ツケを国民が払わされる」というパターンをたびたび繰り返してきた。これは、本書第2章でニコラス・ジョンソンが指摘したように、さまざまな組織が自己中心的かつ閉鎖的になってしまったことが原因かもしれない。日本の会社組織も官僚組織も、本来の使命を忘れ、いまや組織の存続自体が目的化している可能性が高い。日本は「電力供給が世界で最も安定している」とは言うものの（それはたしかに誇張ではないが）、内実は東日本（五〇ヘルツ）と西日本（六〇ヘルツ）の交流周波数の違いさえ解消できず、それゆえ東日本と西日本とで電力融通がままならない。そのさまは、いかにもまずそれぞれの組織ありきで、国民の不便を思いやる気持ちが感じられない。

ジョンソンが述べるように、そのような組織の傾向を打ち破ってくれるのは、「言論の自由」が保障されているメディアを基盤とした、ジャーナリズム的な活動にほかならない。そのような活動には、プロのジャーナリストや番組ディレクター、プロデューサーらによる職人的な仕事に限らず、一般の人々による日々の雑感も含まれよう。硬直した組織ほど、それらの指摘は耳に痛いはずだ。しかし、そのようなジャーナリズム的な活動なくして、またそれらの活動成果がメディアを介して多数の人々に知られることなくして、現代社会が抱える問題の解決策を探ることは容易ではない。企業や政府組織が閉鎖的な体質を保とうとしたり、人々の目から情報を隠蔽したところで、それは問題の先送りにすぎない。「言論の自由」が機能する社会においては、それらの問題はいつか必ず白日の下にさらされ人々の審判を受ける、と割り切って「ツケ」が大きくなる前に問題解決にあたりたい。

ところで今回の大震災と原発事故を「第二の敗戦」と見なす言論人は少なくない。作家の丸山健二氏は「無理な経済戦争を続けてきて原発事故でとどめをさされた」と述べており、五木寛之氏は「今ほど公に対する不信、国を愛するということに対する危惧の念が深まっている時代はない」と指摘する。さらに野坂昭如氏は「文明に囲まれ、物質的豊かさの中で暮らし、飽食の時代とやらを過ごす。しかしすべて砂上の楼閣」ときわめて批判的に戦後日本を総括してみせた。

これらの言葉から導き出される教訓は、わき目もふらず、経済効率を上げることのみに執着しても（それも時には「達成感」という満足に結びつくのであろうが）、人々の参加を拒まない政策立案過程やオープンな行政手続を経ておかなければ、ひとたび野坂氏の言う「楼閣」の土台が崩れ始めると、「誰のため、何のための経済成長だったのか」という虚無感に襲われる、ということではないだろうか。

しかしここで過去を振り返ってばかりいるわけにもいかない。築いたものが「砂上の楼閣」だったと嘆いてばかりもいられない。ここにきてようやく、人々の「知る権利」のために奉仕するメディアの芽が出かかっているのだから、これを大事に育てて日本の政策決定過程に組み込んでいきたい。あらゆる年齢層が気軽に（そしてかたちだけの「視聴者参加番組」などといったものではなく）本当の意味で「参加」できるテレビを、そしてテレビ局関係者という「特権階級」に仕切られることのないテレビを、まずは実現することからはじめたい。

総務省における一連の「今後のＩＣＴ分野における国民の権利保障等の在り方を考えるフォーラム」への出席については、同フォーラムの正式な構成員である立教大学・服部孝章教授に多大なるご尽力を賜った。さらに、本記録の出版については花伝社・柴田章編集長に、たびたび原稿が遅れたにもかかわらずその都度温かいご理解を頂戴した。この場を借りて、各方面に心から感謝を申しあげたい。

（魚住真司）

注

はじめに

（1）「パブリックアクセス」（public access）という言葉はメディア用語ではない。もともと「～への（人々の）立ち入りや参加」といった程度の意味合いでしかない。たとえばpublic access to official documentsと言えば「公式文書の一般公開」となるように、通常は何に対してのpublic accessかが問われる。メディアへのアクセス権が六〇年代の米国で叫ばれるようになって以降、「メディアへのアクセス」（public access to media）といった意味あいで使用されるケースが増えた。

（2）二〇一一年四月より衛星放送ＢＳ11においてパブリックアクセス番組が放送されている。（詳細は「東日本大震災『いま私たち市民にできること』public access program」ウェブサイトhttp://dekiru.or.jp/、2011/8/2現在）。一方、ケーブルテレビについては日本でも数年来、さまざまな「一般市民が制作した番組を放映する」チャンネルの試みが存在してきた。なかでも中海テレビ放送（米子市のケーブルテレビ局）が一九九二年に放映を開始したチャンネルは、日本で初めて「パブリックアクセス・チャンネル」を名乗った。

（3）民主党『政策集INDEX2009』（www.dpj.or.jp/policy/manifesto/seisaku2009/img/INDEX2009.pdf、2011/6/26現在＝その後「掲載期間終了」となっている）。なお、原口総務大臣（当時）が、「日本版ＦＣＣといっても必ずしも米国ＦＣＣのようなものを想定しているわけではなく……日本独自のものを目指す」といった趣旨の発言をしたことから、「通信・放送委員会」もしくは単に「新組織」と呼ばれるようにもなった。「日本版ＦＣＣ」という表現には賛否両論存在するが、本書では言葉の浸透度からあえて「日本版ＦＣＣ」と表記している。

第１章

（1）日本における電力会社の年間広告宣伝費は計八八四億五四〇〇万円、販売促進費は計六二三億七〇〇〇万円（二〇一〇年度）であったという。詳細は『原発の深い闇』〈別冊宝島〉、二〇一一年八月、五一ページ。

(2) 二〇一一年六月二六日、地元ケーブルテレビとUstreamで放映された「放送フォーラムin佐賀県『しっかり聞きたい、玄海原発』」において、電力関連会社によるメール工作の結果、地元原発再稼動容認派のメール数が反対派のそれを上回った。一方、メール工作に応じなかった関連会社社員の数に注目し、「大部分の社員は無視したことがわかる……国民のそれぞれが自分の頭で子孫のために判断しようとするなら、こういう個々人の心理の深層こそが、本当は決定的なのかもしれない」（『朝日新聞』二〇一一年七月二六日付、下條信輔「やらせメールの深層心理」）といった指摘もある。

(3) 平塚千尋「『正常化のバイアス（normalcy bias）』かかった原発報道」（『Journalism』二五四号、二〇一一年七月）。

(4) たとえば小玉美意子「番組批評　震災・原発報道」『放送レポート』二三一号、二〇一一年七月。あるいは津山恵子「原発事故報道に残された課題——米国メディアの報道から」『月刊民放』二〇一一年六月。また、日本国内の報道のあり方について、記者クラブの存在を問題視しているものに、ジョージ・ウェアフリッツ「原発の安全を蝕む秘密主義汚染」『ニューズウィーク日本版別冊』二〇一一年八月五日号（オリジナル記事の掲載は二〇〇二年一〇月二日号）、大沼安史『世界が見た福島原発災害』緑風出版、二〇一一年（特に「日本マスコミの原発ロビーとの癒着」一六四―一六六ページ）、あるいは上杉隆・烏賀陽弘道『報道災害』幻冬舎、二〇一一年などがある。その一方で、ＣＮＮやＦＯＸテレビがふだんは日本にエキスパートを置いていないのに、日本からの震災報道を行っていたことに疑問を投げかける意見もある（たとえばダニエル・カール、ピーター・バラカン「震災後の英米メディアとどう付き合うか」『AERA English』二〇一一年八月号）。

(5) たとえばGerland Flannery, ed. *Commissioners of the FCC: 1927-1994*, Lanham: University Press of America (1995).

(6) Charles E. Lindblom and Edward J. Woodhouse, *The Policy-making Process (3rd ed.)*, Englewood Cliffs, NJ: Prentice-Hall (1993).

(7) Denis McQuail & Sven Windahl, *Communication Models: For the Study of Mass Communication: Second Edition*, New York: Longman (1993).

第3章

(1) 山口功二「ニュース管理とゲートキーパー理論」『メディア用語を学ぶ人のために』世界思想社、一九九九年。

（2） Pamela J. Shoemaker and Tim P. Vos, *Gatekeeping Theory*, New York: Routledge (2009).

（3） アクセス番組とはいえ、憲法で保障されないような表現（わいせつ・虚偽など）を放映した場合は地元検察官により放映差止の措置を受けることがある。そのような事態を避けるため、通常は地元でパブリックアクセス・チャンネルを利用するにあたっての講習会や勉強会が定期的に開催されており、実際はこれを受講することが利用条件となっているアクセス・チャンネルが多い。

（4） CBS放送の *See it Now*（司会進行 Edward Murrow、プロデューサー Fred Friendly）が、マッカーシー上院議員による発言の矛盾点を突いて以降、米国内の「赤狩り」の勢いが衰えはじめたと言われる。その経緯が映画『グッドナイト&グッドラック』で描かれている。

（5）『ニューヨークタイムズ』や『ワシントンポスト』が、米国のベトナム戦争への関与についての機密文書を掲載し、当時の政権によって記事差止請求が裁判所に提訴された。連邦最高裁の判事九人は六対三でこれを却下したが、各判事の意見が割れたことからメディアの大勝利とは言えない。

（6）『ワシントンポスト』の記者らが、後にニクソン大統領（当時）辞任のきっかけとなる「盗聴工作」をつきとめた事件で、調査報道のお手本と言われる。映画『大統領の陰謀』が詳細な経緯を描いている。

（7） Shoemaker 前掲書、p.3.

（8） Chris Roberts, *Gatekeeping Theory: An Evolution*, University of South Carolina, 2005 (www.chrisrob.com/about/gatekeep-ing.pdf, last visited; 2011/8/7). 他にもゲートキーパー理論を解説したものに、金山勉・金山智子『やさしいマスコミ入門』勁草書房、二〇〇五年、八四―八五ページ、などがある。

（9） 一九九三年の衆議院総選挙の際、テレビ朝日報道局長（当時）が、局内で特定政党の政権存続に不利になる報道を「指示」するような旨の発言をしたとして（本人は否定）、郵政省は放送法違反（偏向報道）の疑いで調査を始め、事態は報道局長の国会への証人喚問にまで発展した。これに対しテレビ朝日は、具体的な「指示」はなかったとする報告書を提出。郵政省はテレビ朝日の放送免許を条件付（通常は五年で再免許、条件付の場合は一年）とする「行政指導」にとどめた。

（10） これは実のところ、放送法云々というよりは、大きな潜在力を持つテレビに対する管轄省庁あげての「牽制」的な意味合いの方が大きかったのかもしれない。

(11)「ファイスナー・メモ」は、実態は「メモ」というよりもタイプ打ちの「会議録」である。ただしその内容は、ファイスナーによる放送法の基本方針を説明したものであることから、ファイスナーを「筆者」としても良いだろう。

(12) オリジナル文書からの複写をネット上で部分公開している（uozumi.heteml.jp/files/feisme.pdf）。

(13) 無線電信法（一九一五年）は「無線電信及無線電話ハ政府之ヲ管掌ス」といったように政府による無線コミュニケーションの専掌を規定しており、一九二五年に始まった社団法人・日本放送協会によるラジオ放送についてもその範疇とされた。

(14) 本人談（放送法制立法過程研究会編『資料・占領下の放送立法』東京大学出版会、一九八〇年、四六八―九ページ）。

(15) 具体的には「内閣は、内閣総理大臣の請求があったときは、電波監理委員会の議決を審議し、その議決の再議を求めることができるものとし、電波監理委員会が、その議決を再議した後においては、内閣総理大臣又は内閣は更にこれを審議し又は再議を求めることができない」（荘宏他『電波法放送法電波監理委員会設置法詳解』、日信出版、一九五〇年、四八ページ）と規定された。これに対し、議院内閣制においては行政の最高機関は内閣総理大臣であるから、電波監理委員会の電波行政における優位は、内閣の行政権を侵害するとの指摘もある。しかしそれでは憲法（具体的には「表現の自由」を定めた昭和憲法の第二一条）との整合性が犠牲となりはしないか。つまり、報道機関としての機能を併せ持つ放送メディアに対する許認可権を政府が堅持するのは、結果的に戦前の体制と変わりがない。GHQによる日本民主化のポイントが旧体制の改革にあったのに、もっぱら内閣責任制の視点から独立委員会の行政権を否定する意見には違和感を持つ。一方で公正取引委員会が存続した事実は興味深く、その経緯との比較・検証が待たれる。

(16) 電波監理委員会の廃止過程については、魚住「日本版F・C・C・の廃止過程」『同志社アメリカ研究』三七号（二〇〇一年）がある。

(17) 郵政省編『続逓信事業史　第六巻　電波』前島会、一九六一年、四二ページ。

(18) テレビ一チャンネル分の帯域幅を、六メガとするか七メガとするかで、それぞれの支持派が激しく対立した。ちなみに電波監理委員会が六メガ方式を支持したことで決着をみたが、一連の聴聞会に疲れた委員長が辞任してしまうなど（放送関係者の聞き取り調査研究会編『放送史への証言（I）』日本放送教育会、一九九三年）、公開の場で開催される聴聞会方式が当時の日本における紛争解決のあり方と必ずしも適合しないことが露呈した。

(19) www.soumu.go.jp/menu_news/s-news/01tsushin01_01000003.html (2011/8/20 現在)

(20) コムライツネットワーク「メディア政策の未来とは――『ＩＣＴフォーラム』構成員アンケートより」『放送レポート』二二九号、二〇一一年三・四月。

(21) www.soumu.go.jp/main_content/000095282.pdf (2011/8/20 現在)

(22) 山本博史「『日本版ＦＣＣ』論の方向と問題点」『Journalism』朝日新聞社、二三六号。

(23) U.S. Code 第5巻、Appendix 2。

参考文献

第1章

上杉隆・烏賀陽弘道『報道災害』幻冬舎、二〇一一年。

大沼安史『世界が見た福島原発災害』緑風出版、二〇一一年。

小玉美意子「番組批評　震災・原発報道」『放送レポート』二三一号（二〇一一年七月）。

ジョージ・ウェアフリッツ「原発の安全を蝕む秘密主義汚染」『ニューズウィーク日本版別冊』二〇一一年八月五日号（オリジナル記事の掲載は二〇〇二年一〇月二日号）。

ダニエル・カール、ピーター・バラカン「震災後の英米メディアとどう付き合うか」『AERA English』二〇一一年八月号。

津山恵子「原発事故報道に残された課題──米国メディアの報道から」『月刊民放』二〇一一年六月。

平塚千尋「『正常化のバイアス（normalcy bias）』かかった原発報道」、『Journalism』二五四号（二〇一一年七月）。

第2章

金山勉・津田正夫共編『ネット時代のパブリック・アクセス』世界思想社、二〇一一年。

ジェローム・A・バロン『アクセス権──誰のための言論の自由か』清水英夫、堀部政男他共訳、日本評論社、一九七八年。

ニコラス・ジョンソン『テレビ文明への告発状』林雄二郎・小嶋国雄訳、ダイヤモンド社、一九七一年。

第3章

有馬哲郎「ファイスナー・メモと占領政策の逆コース」『メディア史研究』二六号（二〇〇九年）。

有山輝雄「戦後放送制度形成過程研究」『メディア史研究』二八号（二〇一〇年）。

伊藤正次『日本型行政委員会制度の形成』東京大学出版会、二〇〇三年（特に一六七─一八〇ページ）。

稲葉一将『放送行政の法構造と課題』日本評論社、二〇〇四年。

上原伸元「二〇世紀初頭の米国の無線通信政策と連邦通信委員会（ＦＣＣ）の設立過程」『情報通信学会誌』九二号（二〇〇九年一二月）。

向後英紀「ＧＨＱの占領期放送政策～電波監理委員会の成立経緯～」『ＮＨＫ放送文化調査年報』四〇号（一九九五年）。

向後英紀「放送規制の源流を探る――米無線委員会の成立とその機能」『メディア史研究』二八号（二〇一〇年）。

柴田厚「シリーズ　国際比較研究：放送・通信分野の独立規制機関　第三回　アメリカＦＣＣ（連邦通信委員会）」『放送研究と調査』八号（二〇一〇年八月）。

鈴木秀美「『あるある』、椿発言などにみる番組内容への行政指導と放送法」『Journalism』朝日新聞社、二四二号（二〇一〇年七月）。

曽我部真裕「規制機関の国際比較」『放送法を読みとく』商事法務、二〇〇九年。

原田裕樹「電波監理委員会の意義・教訓」『情報通信政策レビュー』二号（二〇一一年）。（www.soumu.go.jp/iicp/chousakenkyu/data/research/icp_review/02/harada2011.pdf〃 2011/8/20 現在）

松田浩「戦後放送改革の今日的意義と教訓――電波監理委員会の成立と廃止を中心に」『社会論集』六号（二〇〇〇年三月）。

吉野武夫「日本版ＦＣＣ（通信・放送委員会）構想を検討する」『経済』新日本出版社、一七五号（二〇一〇年四月）。

著者紹介

金山　勉（かなやま　つとむ）
1960年山口県防府市生まれ。テレビ山口報道制作局アナウンサー兼記者を経て渡米留学。ウェスタンミシガン大学修士（1993年、コミュニケーション学）、オハイオ大学博士（1998年、マスコミ学）をそれぞれ修了。
現在、立命館大学産業社会学部メディア社会専攻教授。
Fulbright Visiting Researcher, School of Media and Public Affairs, George Washington University, 2004-05.
第１章４、５、第２章「誰のための『言論の自由』か」、執筆。

魚住　真司（うおずみ　しんじ）
1965年兵庫県尼崎市に生まれ、米国ワシントン州シアトル市に育つ。
ＮＨＫ報道カメラマンを経て、関西外国語大学外国語学部・准教授（Media Studies）。現在、州立アイオワ大学客員研究員として滞米中（2010年度科研費）。
M.A. in Communications (as a recipient of the Crown Prince Akihito Scholarship), Univ. of Hawaii at Manoa, 1995. Fulbright Visiting Researcher, Georgetown University Law Center, 2004-05.
はじめに、第１章１―３、６、第３章、おわりに、執筆。

「知る権利」と「伝える権利」のためのテレビ――日本版ＦＣＣとパブリックアクセスの時代

2011年11月1日　初版第１刷発行

編著 ――― 金山勉・魚住真司
発行者 ―― 平田　勝
発行 ――― 花伝社
発売 ――― 共栄書房
〒101-0065　東京都千代田区西神田2-5-11出版輸送ビル2F
電話　03-3263-3813
FAX　03-3239-8272
E-mail　kadensha@muf.biglobe.ne.jp
URL　http://kadensha.net
振替 ―――00140-6-59661
装幀 ――― 中濱健治
印刷・製本―シナノ印刷株式会社

ISBN978-4-7634-0617-0 C0036